Access 2010 数据库应用教程学习指导

韩金仓　马亚丽　主编

清华大学出版社
北　京

内 容 简 介

本书是《Access 2010 数据库应用教程》的配套学习指导。全书以"学生管理"数据库为操作基础，以分析、设计和创建"学生管理"数据库为主体，以 Access 2010 为操作平台，循序渐进地引导读者学习创建"学生管理"数据库及其数据库对象。全书共 11 章，第 1～8 章内容分别为数据库系统基础知识、Access 2010 基础、表、查询、窗体、报表、宏、模块与 VBA 程序设计；第 9 章是综合实验；第 10、11 章分别是全国计算机等级考试二级 Access 模拟试题的选择题和上机操作题。附录部分分别给出了习题、模拟试题的参考答案。

本书既可作为高等院校学生学习数据库应用技术课程的学习指导，也可作为全国计算机等级考试二级 Access 的培训实验教材或参考书。

图书在版编目(CIP)数据

Access 2010 数据库应用教程学习指导/韩金仓，马亚丽 主编. —北京：清华大学出版社，2015
ISBN 978-7-302-38745-9

Ⅰ. ①A… Ⅱ. ①韩… ②马… Ⅲ. ①关系数据库系统—程序设计—高等学校—教学参考资料
Ⅳ. ①TP311.138

中国版本图书馆 CIP 数据核字(2014)第 286327 号

责任编辑：王 定 易银荣
装帧设计：牛静敏
责任校对：邱晓玉
责任印制：何 芊

出版发行：清华大学出版社
　　　　网　　　址：http://www.tup.com.cn, http://www.wqbook.com
　　　　地　　　址：北京清华大学学研大厦 A 座　　　邮　　编：100084
　　　　社 总 机：010-62770175　　　　　　　　　　邮　　购：010-62786544
　　　　投稿与读者服务：010-62776969，c-service@tup.tsinghua.edu.cn
　　　　质 量 反 馈：010-62772015，zhiliang@tup.tsinghua.edu.cn
印 装 者：北京鑫海金澳胶印有限公司
经　　销：全国新华书店
开　　本：185mm×260mm　　　印　张：16　　　字　数：369 千字
版　　次：2015 年 2 月第 1 版　　　　　　　　印　次：2015 年 2 月第 1 次印刷
印　　数：1～6000
定　　价：30.00 元

产品编号：056660-01

前　　言

随着数据库技术的广泛应用，数据库技术与应用已成为高等院校非计算机专业必修的计算机基础教学的典型核心课程。Access 是一个关系型数据库管理系统，是 Microsoft Office 的组件之一，它可以有效地组织、管理和共享数据库中的数据，并将数据库与 Web 结合在一起。

本书是《Access 2010 数据库应用教程》的配套学习指导，由 11 章正文和 3 个附录构成。第 1～8 章分别是数据库系统基础知识、Access 2010 基础、表、查询、窗体、报表、宏、模块与 VBA 程序设计。第 9 章是综合实验，介绍了一个完整数据库的创建过程。第 10、11 章分别是全国计算机等级考试二级 Access 模拟试题的选择题和上机操作题。附录部分分别是习题、模拟试题的参考答案。

各章内容安排如下：

第 1 章主要介绍数据库系统的基础知识和理论。

第 2 章主要介绍 Access 2010 的操作基础，包括数据库的创建、打开与关闭、管理及数据的导入与导出等。

第 3 章主要介绍 Access 2010 中表的操作，包括表的创建、设置表的字段属性及表间关系等。

第 4 章主要介绍 Access 2010 中查询及其应用，包括查询的创建、SQL 语句等。

第 5 章主要介绍 Access 2010 中窗体设计及应用，包括窗体的创建、控件、窗体和控件的属性设置等。

第 6 章主要介绍 Access 2010 中报表设计及编辑，包括报表的创建、在报表中进行计算和统计等。

第 7 章主要介绍 Access 2010 中宏及应用，包括宏的创建、调试和运行方法等。

第 8 章主要介绍 Access 2010 中模块和 VBA 编程，包括模块的创建、VBA 查询的基本结构、过程的创建等。

第 9 章给出 3 个综合实验，每个综合实验都是一个完整数据库的创建过程。

第 10 章给出了 5 套全国计算机等级考试二级 Access 选择题部分的模拟试题。

第 11 章给出了 5 套全国计算机等级考试二级 Access 上机操作题部分的模拟试题。

此外，附录部分还给出了习题、模拟试题选择题的参考答案，以及上机操作的相关解析。

本书由兰州商学院的韩金仓教授和马亚丽老师策划并担任主编，内容由兰州商学院教学经验丰富的一线教师编写完成。其中，第 1、4、9 章由陈双飞编写，第 2、7、10、11 章和附录由马亚丽编写，第 3、5 章由周亮编写，第 6、8 章由王绍军编写，全书由韩金仓和马亚丽统稿审定。

由于作者水平有限，本书难免存在疏漏和不妥之处，敬请各位读者和专家批评指正。

编　者
2014 年 10 月

目　　录

第1章 数据库系统基础知识

【学习要点】
➢ 数据库系统及其组成
➢ 数据库模型
➢ 关系数据库

1.1 知识要点

1.1.1 数据、信息和数据处理

数据是存储在某一媒体上能够识别的物理符号。在计算机领域中，一切能被计算机接收和处理的物理符号都叫数据。

数据通常可以分为两种形式：数值型数据，如成绩、价格、体重、工资等；非数值型数据，如姓名、性别、声音、图像、视频等。

所谓信息，是以数据为载体的对客观世界实际存在的事物、事件和概念的抽象反映。

数据和信息是两个互相联系、互相依赖但又互相区别的概念。数据是用来记录信息的可识别的符号，是信息的具体表现形式。数据是信息的符号表示或载体；信息则是数据的内涵，是对数据的语义解释。只有经过提炼和抽象之后，具有使用价值的数据才能称为信息。

数据要经过处理才能变为信息。数据处理是将数据转换成信息的过程，是指对信息进行收集、整理、存储、加工及传播等一系列活动的总和。数据处理的目的是从大量的、杂乱无章的甚至是难于理解的原始数据中，提炼、抽取人们所需要的有价值、有意义的数据(信息)，作为科学决策的依据。

1.1.2 数据库技术的产生与发展

数据库技术就是数据管理技术，是对数据的分类、组织、编码、存储、检索和维护的技术。数据库技术的发展是和计算机技术及其应用的发展联系在一起的。计算机数据管理随着计算机硬件、软件技术和计算机应用范围的发展而不断发展，多年来大致经历了如下5个阶段。

1．人工管理阶段

人工管理阶段的主要特点是：数据不长期保存；对数据的管理完全在程序中进行，数据处理的方式基本上是批处理。程序员编写应用程序时，要考虑具体的数据物理存储细节，即每个应用程序中都还要包括数据的存储结构、存取方法、输入方式、地址分配等，如果数据的类型、格式或输入输出方式等逻辑结构或物理结构发生变化，必须对应用程序做出相应的修改，因此程序员负担很重。另外，数据是面向程序的，一组数据只能对应一个程序，很难实现多个应用程序共享数据资源，因此程序之间有大量的冗余数据。

2．文件系统阶段

文件系统阶段的主要特点是：数据可以长期保存；有专门的数据管理软件，即文件系统；程序与数据间有一定独立性；数据冗余度大；数据独立性不高；数据一致性差。

3．数据库系统阶段

数据库系统阶段的主要特点是：数据结构化；数据共享性高、冗余度小、易扩充；数据独立性高；有统一的数据管理和控制。

4．分布式数据库系统

分布式数据库系统可分为物理上分布、逻辑上集中的分布式数据库结构和物理上分布、逻辑上分布的分布式数据库结构两种。目前使用最多的是第二种结构的客户机/服务器系统结构。Access 为创建功能强大的客户机/服务器应用程序提供了专用工具。

5．面向对象数据库系统

将数据库技术与面向对象程序设计技术相结合，就产生了面向对象数据库系统。而面向对象数据库吸收了面向对象程序设计方法的核心概念和基本思想，因此，面向对象数据库技术有望成为继数据库技术之后的新一代数据管理技术。

1.1.3　数据库系统的组成

数据库系统(DataBase System，DBS)是带有数据库的计算机系统，一般由数据库、相关硬件、软件和各类人员组成。

1．数据库(DataBase，DB)

数据库是指长期存储在计算机内的，有组织，可共享的数据的集合。数据库中的数据按一定的数学模型组织、描述和存储，具有较小的冗余，较高的数据独立性和易扩展性，并可为各种用户共享。

2．硬件

硬件是指构成计算机系统的各种物理设备，包括存储所需的外部设备。硬件的配置应满足整个数据库系统的需要。

3．软件

软件包括操作系统、数据库管理系统及应用程序。数据库管理系统(DataBase Management System，DBMS)是数据库系统的核心软件，是在操作系统的支持下工作，解决如何科学地组织和存储数据，如何高效获取和维护数据的系统软件。

4．人员

人员主要有 4 类：第一类为系统分析员和数据库设计人员；第二类为应用程序员，负责编写使用数据库的应用程序；第三类为最终用户，利用系统的接口或查询语言访问数据库；第四类为数据库管理员(DataBase Administrator，DBA)，负责数据库的总体信息控制。

1.1.4　数据库系统的三级模式结构

数据库系统的结构是数据库系统的一个总框架，可以从不同的角度考察数据库系统的结构。从数据库管理系统的角度看，数据库系统通常采用三级模式结构。

1．模式(Schema)

模式又称概念模式或逻辑模式，是数据库中全体数据的逻辑结构和特征的描述。模式处于三级结构的中间层，以某一种数据模型为基础，表示数据库的整体数据。模式是客观世界某一应用环境中所有数据的集合，也是所有个别用户视图综合起来的结果，又称用户公共数据视图。视图可理解为用户或程序员看到和使用的数据库的内容。

2．外模式(External Schema)

外模式也称为子模式(Subschema)或用户模式，是数据库用户(包括应用程序员和最终用户)能够看到和使用的局部数据的逻辑结构和特征的描述，是数据库用户的数据视图，是与某一应用有关的数据的逻辑表示。

3．内模式(Internal Schema)

内模式也称为存储模式(Storage Schema)，是数据物理结构和存储方式的描述，是数据在数据库内部的表示方式。一个数据库只有一个内模式。

1.1.5　概念模型和 E-R 图

概念模型用于信息世界的建模，与具体的 DBMS 无关。由于概念模型用于信息世界的建模，是现实世界到信息世界的第一层抽象，是用户与数据库设计人员之间进行交流的语言。因此，概念模型一方面应该具有较强的语义表达能力，能够方便、直接地表达应用中的各种语义知识；另一方面，它还应该简单、清晰，易于用户理解。最常用的概念模型是实体-联系模型(Entity-Relationship Model)，简称 E-R 模型。

在建立概念模型时会涉及以下相关术语。

- 实体：现实世界中的客观事物称为实体，它是现实世界中任何可区分、可识别的事物。
- 属性：每个实体必定具有一定的特征(性质)，这样才能根据实体的特征来区分一个个实体。
- 实体型：具有相同属性的实体必然具有共同的特征，所以若干个属性的型所组成的集合可以表示一个实体的类型，简称实体型。
- 实体集：性质相同的同类实体的集合称为实体集。
- 实体之间的联系：实体之间的对应关系称为联系，它反映了现实世界事物之间的相互关联。联系的种类分为三种类型，即一对一联系(1∶1)、一对多联系(1∶M)和多对多联系(M∶N)。

1.1.6　关系模型

关系模型(Relational Model)于 1970 年由 IBM 公司的 E. F. Codd 首次提出。关系模型可以描述一对一、一对多和多对多的联系，并向用户隐藏存取路径，大大提高了数据的独立性以及程序员的工作效率。此外，关系模型建立在严格的数学概念和数学理论基础之上，支持集合运算。

关系模型由关系数据结构、关系操作和完整性约束 3 部分组成。在关系模型中，实体和实体之间的联系均由关系来表示。关系模型的本质是一张二维表。

1.1.7　关系数据库

用关系模型建立的数据库就是关系数据库。关系数据库建立在严格的数学理论基础上，数据结构简单，易于操作和管理。在关系数据库中，数据被分散到不同的数据表中，每个表中的数据只记录一次，从而避免数据的重复输入，减少数据冗余。在关系数据库中，经常会提到关系、属性等术语。

下面列出一些常用的术语。

(1) 关系。一个关系就是一个二维表，每个关系都有一个关系名。在 Access 中，一个关系可以存储在一个数据库表中，每个表有唯一的表名，即数据表名。

(2) 元组。在二维表中，每一行称为一个元组，对应表中一条记录。

(3) 属性。在二维表中，每一列称为一个属性，每个属性都有一个属姓名。在 Access 数据库中，属性也称为字段。字段由字段名、字段类型组成，在定义和创建表时对其进行定义。

(4) 域。属性的取值范围称为域，即不同的元组对于同一属性的取值所限定的范围。

(5) 关键字、主键。关键字是二维表中的一个属性或若干个属性的组合(即属性组)，它的值可以唯一地标识一个元组。当一个表中存在多个关键字时，可以指定其中一个作为主关键字，而其他的关键字为候选关键字。主关键字称为主键。

(6) 外部关键字。如果一个关系中的属性或属性组并非该关系的关键字，但它们是另外一个关系的关键字，则称其为该关系的外部关键字。

1.1.8 关系完整性

关系完整性是为保证数据库中数据的正确性和相容性，对关系模型提出的某种约束条件或规则。完整性通常包括实体完整性、参照完整性和用户定义完整性，其中实体完整性和参照完整性是关系模型必须满足的完整性约束条件。

1. 实体完整性(Entity Integrity)

实体完整性是指关系的主关键字不能重复，也不能取"空值"。

2. 参照完整性(Referential Integrity)

参照完整性是定义建立关系之间联系的主关键字与外部关键字引用的约束条件。

3. 用户定义完整性(User Defined Integrity)

用户定义的完整性约束是用户针对某一具体应用的要求和实际需要，以及按照实际的数据库运行环境要求，对关系中的数据所定义的约束条件。它反映的是某一具体应用所涉及的数据必须要满足的语义要求和条件。这一约束机制一般由关系模型提供定义并检验。

1.1.9 关系运算

关系模型中常用的关系操作有查询、插入、删除和修改 4 种。关系代数是关系操作能力的一种表示方式。作为查询语言的关系代数，也是关系数据库理论的基础之一。

按照运算符的不同，将关系代数的操作分为传统的集合运算和专门的关系运算两大类。

1. 传统的集合运算

1) 并(Union)

设关系 R 和关系 S 具有相同的目 K，即两个关系都有 K 个属性，且相应的属性取自同一个域，则关系 R 与 S 的并是由属于 R 或属于 S 的元组构成的集合，并运算的结果仍是 K 目关系。

2) 交(Intersection)

设关系 R 和关系 S 具有相同的目 K，即两个关系都有 K 个属性，且相应的属性取自同一个域，则关系 R 与 S 的交是由既属于 R 又属于 S 的元组构成的集合，交运算的结果仍是 K 目关系。

交运算可以使用差运算来表示：R∩S=R-(R-S)或者 R∩S=S-(S-R)。

3) 差(Difference)

设关系 R 和关系 S 具有相同的目 K，即两个关系都有 K 个属性，且相应的属性取自同一个域，则关系 R 与 S 的差是由属于 R 但不属于 S 的元组构成的集合，差运算的结果仍是 K 目关系。

进行并、交、差运算的两个关系必须具有相同的结构。对于 Access 数据库来说，是指两个表的结构要相同。

2. 专门的关系运算

专门的关系运算既可以从关系的水平方向进行运算，也可以从关系的垂直方向进行运算，主要包括选择、投影和连接运算。

1) 选择(Selection)

选择运算是从关系的水平方向进行运算，是从关系 R 中选取符合给定条件的所有元组，生成新的关系。记作：Σ 条件表达式(R)。

其中，条件表达式的基本形式为 $X\theta Y$。θ 表示运算符，包括比较运算符(<, <=, >, >=, =, ≠)和逻辑运算符(∧, ∨, ┐)。X 和 Y 可以是属性、常量或简单函数。属性名可以用它的序号或者它在关系中列的位置来代替。若条件表达式中存在常量，则必须用英文引号将常量括起来。

选择运算是从行的角度对关系进行运算，选出条件表达式为真的元组。

2) 投影(Projection)

投影运算是从关系的垂直方向进行运算，在关系 R 中选取指定的若干属性列，组成新的关系。记作：Π 属性列(R)。

投影操作是从列的角度对关系进行垂直分割，取消某些列并重新安排列的顺序。在取消某些列后，元组或许有重复。该操作会自动取消重复的元组，仅保留一个。因此，投影操作的结果使得关系的属性数目减少，元组数目可能也会减少。

3) 连接(Join)

连接运算从 R 和 S 的笛卡尔积 R×S 中，选取(R 关系)在 A 属性组上的值与(S 关系)在 B 属性组上的值满足比较关系 θ 的元组。

在连接运算中有两种最为重要的连接：等值连接和自然连接。

(1) 等值连接(Equal Join)

当 θ 为 "=" 时的连接操作就称为等值连接。也就是说，等值连接运算是从 R×S 中选取 A 属性组与 B 属性组的值相等的元组。

(2) 自然连接(Natural Join)

自然连接是一种特殊的等值连接。关系 R 和关系 S 的自然连接，首先要进行 R×S，然后进行 R 和 S 中所有相同属性的等值比较的选择运算，最后通过投影运算去掉重复的属性。

自然连接与等值连接的主要区别是,自然连接的结果是两个关系中的相同属性(就是公共属性)只出现一次。

1.1.10　数据库设计步骤

考虑数据库及其应用系统开发的全过程,可以将数据库设计过程分为以下 6 个阶段。

(1) 需求分析阶段。

(2) 概念结构设计阶段。

(3) 逻辑结构设计阶段。

(4) 数据库物理设计阶段。

(5) 数据库实施阶段。

(6) 数据库运行和维护阶段。

1.1.11　数据库设计范式

设计关系数据库时,遵从不同的规范要求,设计出合理的关系数据库,这些不同的规范要求被称为不同的范式。

1. 第一范式(1NF)

在任何一个关系数据库中,第一范式(1NF)是对关系模式的基本要求,不满足第一范式(1NF)的数据库就不是关系数据库。

所谓第一范式(1NF),是指关系中每个属性都是不可再分的数据项。

2. 第二范式(2NF)

在一个满足第一范式(1NF)的关系中,不存在非关键字段对任一候选关键字段的部分函数依赖(部分函数依赖,指的是存在组合关键字中的某些字段决定非关键字段的情况),即所有非关键字段都完全依赖于任意一组候选关键字,则称这个关系满足第二范式(2NF)。

3. 第三范式(3NF)

在一个满足第二范式(2NF)的关系中,如果不存在非关键字段对任一候选关键字段的传递函数依赖则符合第三范式(传递函数依赖,指的是如果存在"A→B→C"的决定关系,则 C 传递函数依赖于 A)。因此,满足第三范式的关系应该不存在如下依赖关系:关键字段→非关键字段 x→非关键字段 y。

1.2 习　　题

1.2.1　选择题

1. 下列有关数据库的描述，正确的是(　　)。

A. 数据库设计是指设计数据库管理系统

B. 数据库技术的根本目标是要解决数据共享的问题

C. 数据库系统是一个独立的系统，不需要操作系统的支持

D. 数据库系统中，数据的物理结构必须与逻辑结构一致

2. 在数据库管理技术的发展中，数据独立性最高的是(　　)。

A. 人工管理　　　　　B. 文件系统　　　　　C. 数据库系统　　　D. 数据模型

3. 在数据库设计中，将 E-R 图转换成关系数据模型的过程属于(　　)。

A. 需求分析阶段　　　B. 概念设计阶段　　　C. 逻辑设计阶段　　D. 物理设计阶段

4. 下列选项中，不属于数据模型所描述的内容的是(　　)。

A. 数据类型　　　　　B. 数据操作　　　　　C. 数据结构　　　　D. 数据约束

5. 在关系运算中，选择运算的含义是(　　)。

A. 在基本表中选择满足条件的记录组成一个新的关系

B. 在基本表中选择需要的字段(属性)组成一个新的关系

C. 在基本表中选择满足条件的记录和属性组成一个新的关系

D. 上述说法均是正确的

6. 两个关系在没有公共属性时，其自然连接操作表现为(　　)。

A. 笛卡儿积操作　　　B. 等值连接操作　　　C. 空操作　　　　　D. 无意义的操作

7. 设有如下关系表：

R		
A	B	C
4	5	6
5	6	4
7	8	9

S		
A	B	C
4	5	6
10	9	4

T		
A	B	C
4	5	6

则下列操作正确的是(　　)。

A. T=R/S　　　　　　B. T=R×S　　　　　C. T=R∩S　　　　D. T=R∪S

1.2.2　填空题

1. 目前常用的数据模型有_____、_____和_____。

2. 用二维表的形式来表示实体之间联系的数据模型称为_____。

3．数据库管理员的英文缩写是_____。

4．DBMS 的意思是_____。

5．在关系模型中，操作的对象和结果都是_____。

6．数据管理技术发展过程经过人工管理、文件系统和数据库系统 3 个阶段，其中数据独立性最高的阶段是_____。

1.2.3　简答题

1．数据库系统由哪几部分组成？

2．简述层次模型、网状模型和关系模型的优缺点。

3．什么是 E-R 图?构成 E-R 图的基本要素是什么？

第2章　Access 2010基础

【学习要点】
- ➤ Access 2010 的工作界面
- ➤ Access 2010 的数据库对象
- ➤ 数据库的创建
- ➤ 数据库的基本操作

2.1　知识要点

2.1.1　Access 2010 的工作界面

1．功能区

功能区是一个包含多组命令且横跨程序窗口顶部的带状选项卡区域，主要包含的选项卡有：文件、开始、创建、外部数据和数据库工具。

(1) "文件"选项卡，是 Access 2010 新增的一个选项卡，其结构、布局和功能与其他选项卡完全不同。

说明：文件窗口分为左右窗格，左窗格显示操作命令，主要包括保存、打开、关闭数据库、新建、打印、选项、帮助和退出等；右窗格显示左窗格所选命令的结果。

(2) "开始"选项卡，是用来对数据表进行各种常用操作的，操作按钮分别放在"视图"等 7 个组中。当打开不同的数据库对象时，组中的显示会有所不同。每个组都有"可用"和"禁止"两种状态。

(3) "创建"选项卡，是用来创建数据库对象的，操作按钮分别放在"模板"等 5 个组中。

(4) "外部数据"选项卡，是用来进行内外数据交换的管理和操作，操作按钮分别放在"导入并链接"等 3 个组中。

(5) "数据库工具"选项卡，是用来管理数据库后台，操作按钮分别放在"宏"等 6 个组中。

2. Backstage 视图

Backstage 视图是功能区的"文件"选项卡上显示的命令集合。

3. 导航窗格

导航窗格是 Access 程序窗口左侧的窗格，用户可在其中使用数据库对象。用户可以通过导航窗格来组织归类数据库对象，当单击导航窗格中的"数据库对象"按钮时，就可展开该对象，显示其中内容。

2.1.2　Access 2010 数据库的对象

1. 表(Table)

表是数据库的最基本对象，是创建其他数据库对象的基础。一个数据库中可以包含多个表，在不同表中存放用户所需的不同主题的数据，其他对象都以表为数据源。

2. 查询(Query)

查询是数据库处理和分析数据的工具。查询的数据源是表或查询。

3. 窗体(Form)

窗体是在指定的一个或多个表中，根据给定的条件筛选出符合条件的记录而构成的一个新的数据集合，以供用户查看、更改和分析使用。

窗体既是管理数据库的窗口，又是用户和数据库之间的桥梁。通过窗体可方便地输入、编辑、查询、排序、筛选和显示数据。Access 利用窗体将整个数据库组织起来，从而构成完整的应用系统。窗体的数据源是表或查询。

4. 报表(Report)

报表是数据库中的数据输出的特有形式，它可将数据进行分类汇总、平均、求和等操作，然后通过打印机打印输出。报表的数据源是表或查询。

5. 宏(Macro)

宏是由一个或多个宏操作组成的集合，它不直接处理数据库中的数据，而是组织 Access 数据处理对象的工具。使用宏可以把数据库对象有机地整合起来协调一致地完成特定的任务。

6. 模块(Module)

模块是 VBA 语言编写的程序集合，功能与宏类似，但模块可以实现更精细、复杂的操作。

2.1.3　Access 2010 数据库的创建

1．使用模板创建数据库

使用模板创建数据库的操作步骤如下：

(1) 启动 Access 2010；

(2) 在"文件"|"新建"选项卡上，单击"样本模板"按钮；

(3) 在"可用模板"选项组中单击所需模板，在右侧的"文件名"文本框中，输入数据库文件名。若要更改文件的保存位置，可单击"文件名"文本框右侧的"浏览到某个位置来存放数据库"按钮来选择新的位置；

(4) 单击"创建"按钮。

2．创建空白数据库

创建空白数据库的操作步骤如下：

(1) 启动 Access 2010；

(2) 在"文件"|"新建"选项卡上，单击"空数据库"按钮；

(3) 在右侧的"文件名"文本框中，输入数据库文件名；

(4) 单击"创建"按钮。

2.1.4　打开和关闭数据库

1．打开数据库

要对已有的数据库进行查看或编辑，必须先将其打开，具体操作方法有如下两种：

(1) 双击数据库文件图标。

(2) 单击 Access 窗口中的"文件"|"打开"命令，在出现的"打开"对话框中双击文件或选中文件再单击"打开"按钮。

打开数据库的模式有 4 种，单击"打开"按钮右侧箭头可进行选择。

(1) 打开：默认方式，是以共享方式打开数据库。

(2) 以只读方式打开：以此方式打开的数据库，只能查看不能编辑修改。

(3) 以独占方式打开：此方式表示数据库已打开时，其他用户不能再打开。

(4) 以独占只读方式打开：以此方式打开数据库后，其他用户能以只读方式打开该数据库。

2．关闭数据库

关闭当前数据库的操作方法有如下 5 种：

(1) 单击"文件"|"关闭数据库"命令，此方法只关闭数据库而不退出 Access。

(2) 单击标题栏右侧的"关闭"按钮。

(3) 单击"文件"|"退出"命令。

(4) 双击控制图标。

(5) 单击控制图标再单击"关闭"命令。此方法先关闭数据库然后退出 Access。

2.1.5　压缩和修复数据库

用户不断给数据库添加、更新、删除数据以及修改数据库设计，这就会使数据库越来越大，致使数据库的性能逐渐降低，出现打开对象的速度变慢、查询运行时间更长等情况。因此，要对数据库进行压缩和修复操作。

1. 关闭数据库时自动执行压缩和修复

操作步骤如下：

(1) 单击"文件"|"选项"命令；

(2) 在"Access 选项"对话框中，单击"当前数据库"按钮；

(3) 在"应用程序选项"选项组下，选中"关闭时压缩"复选项，并单击"确定"按钮。

2. 手动压缩和修复数据库

操作步骤如下：

(1) 单击"文件"|"信息"命令或单击"数据库工具"选项卡；

(2) 单击"压缩和修复数据库"按钮。

2.1.6　备份与还原数据库

1. 备份数据库

为了避免因数据库损坏或数据丢失给用户造成损失，应对数据库定期做备份。具体操作步骤如下：

(1) 打开要备份的数据库；

(2) 单击"文件"|"保存并发布"命令；

(3) 单击"数据库另存为"区域"高级"中的"备份数据库"命令；

(4) 单击"另存为"按钮；

(5) 在打开的"另存为"对话框中选择保存位置，单击"保存"按钮。

2. 还原数据库

还原数据库就是用数据库的备份来替代已经损坏或数据存在问题的数据库。只有在具有数据库备份的情况下，才能还原数据库。还原的具体步骤如下：

(1) 打开资源管理器，找到数据库备份；

(2) 将数据库备份复制到需替换的数据库的位置。

2.1.7　加密数据库

为了保护数据库不被其他用户使用或修改，可以给数据库设置访问密码。设置密码后，还可根据需要撤销密码并重新设置密码。

1．设置用户密码

操作步骤如下：

(1) 以独占方式打开数据库；

(2) 单击"文件"|"信息"命令，打开"有关 学生管理 的信息"窗格；

(3) 单击"用密码进行加密"按钮，打开"设置数据库密码"对话框；

(4) 在"密码"和"验证"文本框中分别输入相同的密码，然后单击"确定"按钮。

2．撤销用户密码

操作步骤如下：

(1) 以独占方式打开数据库；

(2) 单击"文件"|"信息"命令，打开"有关 学生管理 的信息"窗格；

(3) 单击"解密数据库"按钮，打开"撤销数据库密码"对话框；

(4) 在"密码"文本框中输入密码，单击"确定"按钮。

2.1.8　生成 ACCDE 文件

为了保护 Access 数据库对象不被他人擅自查看或修改，可以把设计好并完成测试的 Access 2010 数据库转换为 ACCDE 格式，这样可提高数据库系统的安全性。

生成 ACCDE 文件的操作步骤如下：

(1) 打开所需数据库；

(2) 单击"文件"|"保存并发布"命令；

(3) 双击"数据库另存为"区域中的"生成 ACCDE"按钮；

(4) 在打开的"另存为"对话框中选择保存位置，单击"保存"按钮；

(5) 弹出提示框，提示"无法从被禁用的(不受信任的)数据库创建.accde 或.mde 文件"。若用户信任此数据库，则单击"确定"按钮，并使用消息栏启用数据库。

2.1.9　数据库的转换

在 Access 2010 中，可以将当前版本的数据库与以前版本的数据库进行相互转换，转换的方法相同。操作步骤如下：

(1) 打开要转换的数据库;

(2) 单击"文件"|"保存并发布"命令,打开"文件类型与数据库另存为"窗格,单击"数据库另存为"按钮;

(3) 在右侧窗格中有 4 个选项按钮,单击所需版本按钮,然后单击"另存为"按钮;

(4) 在打开的"另存为"对话框中,输入数据库名,单击"保存"按钮。

2.1.10　数据库的导入与导出

1．数据库的导入

导入是指将外部文件或另一个数据库对象导入到当前数据库的过程。Access 2010 可以将多种类型的文件导入,包括 Excel 文件、Access 数据库、ODBC 数据库、文本文件、XML文件等。

操作的步骤如下:

(1) 打开需要导入数据的数据库;

(2) 单击"外部数据"选项卡,在"导入并链接"组中选择要导入的数据所在文件的类型按钮,打开"获取外部数据"对话框,在对话框中完成相关设置后,单击"确定"按钮。

2．数据库的导出

导出是指将 Access 中的数据库对象导出到外部文件或另一个数据库的过程。Access 2010 可以将数据库对象导出为多种数据类型,包括 Excel 文件、文本文件、XML 文件、Word 文件、PDF 文件、Access 数据库等。

操作步骤如下:

(1) 打开要导出的数据库;

(2) 在导航窗格中选择要导出的对象;

(3) 单击"外部数据"选项卡,在"导出"组中单击要导出的文件类型按钮,打开"导出"对话框,在对话框中完成相关设置后,单击"确定"按钮。

2.2　上机实验

实验一　创建数据库

【实验目的】

掌握 Access 2010 数据库的创建方法。

【实验内容】

创建名为"学生管理.accdb"的空数据库。

【操作步骤】

操作步骤如下：

(1) 启动 Access 2010；

(2) 在"文件"|"新建"选项卡上，单击"空数据库"按钮；

(3) 在右侧的"文件名"文本框中，输入"学生管理.accdb"；

(4) 单击"创建"按钮。

实验二　设置与撤销数据库密码

【实验目的】

掌握数据库密码的设置与撤销方法。

【实验内容】

1．为"学生管理.accdb"设置密码(密码自定)。

2．撤销上步设置的数据库密码。

【操作步骤】

1．为"学生管理.accdb"设置密码

操作步骤如下：

(1) 以独占方式打开"学生管理"数据库；

(2) 单击"文件"|"信息"命令，打开"有关 学生管理 的信息"窗格；

(3) 单击"用密码进行加密"选项，打开"设置数据库密码"对话框；

(4) 在"密码"和"验证"文本框中分别输入相同的密码；

(5) 单击"确定"按钮。

2．撤销设置的数据库密码

操作步骤略。

实验三　压缩与修复数据库

【实验目的】

掌握压缩与修复数据库的方法。

【实验内容】

压缩和修复"学生管理.accdb"数据库。

【操作步骤】

略。

实验四　备份数据库

【实验目的】

掌握备份数据库的方法。

【实验内容】

备份"学生管理.accdb"数据库。

【操作步骤】

略。

实验五　数据的导入

【实验目的】

掌握数据的导入操作。

【实验内容】

1. 将光盘上的"数据表.docx"Word 文档中的 6 个表格中的数据，分别导入到"学生管理.accdb"数据库中。

2. 将光盘上的"学生管理.accdb"数据库中的窗体和报表对象，导入到"学生管理.accdb"数据库中。

【操作步骤】

1．将数据导入数据库

操作步骤如下：

(1) 打开"数据表.docx"文档，选定"学生"表内的内容，单击"复制"按钮；

(2) 打开 Excel，在 Sheet1 工作表中执行"粘贴"，以"数据表.xlsx"为名保存并退出Excel；

(3) 打开"学生管理.accdb"，单击"外部数据"|"导入并链接"|Excel 命令；

(4) 在打开的"获取外部数据"对话框中的"文件名"文本框中输入或选择第(2)步创建的"数据表.xlsx"，单击"确定"按钮；

(5) 在打开的"导入数据表向导"对话框中，按实际需要操作，在最后一步将表名指定为"学生"，单击"完成"按钮。

说明：其他表的导入方法同"学生"。

2. 将窗体和报表导入数据库

操作步骤略。

实验六　数据的导出

【实验目的】

掌握数据的导出操作。

【实验内容】

1. 将"学生管理.accdb"数据库中的"学生"表导出为 Excel 表格，以"学生.xlsx"为名保存到 D 盘。

2. 将"学生管理.accdb"数据库中的"课程"表导出为 TXT 文本文件，以"课程.txt"为名保存到 D 盘。

【操作步骤】

略。

2.3　习　　题

2.3.1　选择题

1. Access 是一种(　　)。

A. 操作系统　　　　B. 数据库管理系统　　C. 文字处理软件　　　D. 高级语言

2. Access 2010 数据库的扩展名是(　　)。

A. .dbf　　　　　　B. .accdb　　　　　　C. .mdb　　　　　　D. .xlsx

3. Access 在同一时间可以打开数据库的个数是(　　)。

A. 1　　　　　　　B. 2　　　　　　　　C. 3　　　　　　　D. 4

4. Access 数据库的各个对象中，用来存放数据的是(　　)。

A. 表　　　　　　　B. 查询　　　　　　　C. 窗体　　　　　　D. 报表

5. 利用(　　)对象可以实现更精细和复杂的操作。

A. 表　　　　　　　B. 查询　　　　　　　C. 宏　　　　　　　D. 模块

6. 关于获取外部数据，下列叙述错误的是(　　)。

A. 导入表后，在 Access 中修改、删除记录等操作不影响原数据文件

B. 链接表后，Access 中对数据所做的改变都会影响原数据文件

C．Access 中可以导入 Excel 表、其他 Access 数据库中的表和 dBASE 数据库文件

D．链接表后形成的表的图标与 Access 创建的表的图标一样

7．在 Access 2010 中打开.accdb 或.accde 文件时，系统会将数据库的位置提交到(　　)。

　　A．临时文件　　　　　B．数据库　　　　　C．信任中心　　　　D．上述都不对

8．在 Access 2010 中，要以(　　)打开需要加密的数据库。

　　A．独占方式　　　　　B．共享方式　　　　　C．一般方式　　　　D．独占只读方式

9．在 Access 2010 中，压缩与修复数据库功能是在(　　)选项卡中进行。

　　A．开始　　　　　　　B．创建　　　　　　　C．数据库工具　　　D．文件

10．Access 2010 不能将(　　)中的数据导入到当前数据库中。

　　A．Access 数据库　　　B．Excel　　　　　　C．Word　　　　　　D．文本文件

11．为数据库创建了密码后，必须(　　)Access 并重新打开数据库才能使密码生效，只关闭数据库再打开是无法激活密码设置的。

　　A．退出　　　　　　　B．后台运行　　　　　C．最大化　　　　　D．最小化

12．Access 2010 不能将数据库对象导出为(　　)类型。

　　A．Excel 文件　　　　B．文本文件　　　　　C．Word 文档　　　D．ODBC 数据库

2.3.2　填空题

1．Access 2010 的工作界面是由_____、_____和_____3 个主要组件组成。

2．Access 数据库中的_____对象是其他数据库对象的基础。

3．链接是直接将_____中的数据应用到 Access 的表、窗体、查询和报表中。一旦其发生变化，则所链接的对象中的内容也相应改变。

4．_____可以修复数据库中的表、窗体、报表等对象的损坏，以及打开特定窗体、报表或模块所需的信息。

5．通过压缩数据库可以达到_____数据库的目的。

6．_____是指为打开数据库而设置的密码，它是一种保护 Access 数据库的简便方法。

7．数据库导入是指_____。

8．数据库导出是指_____。

9．数据库转换的目的是_____。

2.3.3　简答题

1．Access 2010 数据库有哪些对象？各自的作用是什么？

2．如何创建数据库？

3．使用模板创建的数据库中有哪些对象？

4．打开和关闭数据库的方法有哪些？

5．如何给数据库设置密码？

6．如何将数据库表导出到 Excel 文件？

7．生成 ACCDE 文件有何作用？

第3章　表

3.1　知识要点

3.1.1　表的设计

表是数据库中最基本的对象，所有的数据都存储在表中。其他数据库对象都是基于表而建立的。在数据库中，其他对象对数据库中数据的任何操作都是针对表进行的。

数据表的主要功能就是存储数据，存储的数据主要应用于以下几个方面：

(1) 作为窗体、报表的数据源，用于显示和分析。

(2) 建立功能强大的查询，完成一般表格不能完成的任务。

在数据库中，一个良好的表设计应该遵循以下原则：

(1) 将信息划分到基于主题的表中，以减少冗余数据。

(2) 向 Access 提供链接表中信息时所需的信息。

(3) 可帮助支持和确保信息的准确性和完整性。

(4) 可满足数据处理和报表需求。

3.1.2　表的结构

表由表结构和表中数据组成。表的结构由字段名称、字段类型以及字段属性组成。若干行和若干列组成表。每个表可以包含许多不同数据类型(例如文本、数字、日期和超链接)的字段。

1．字段名称

表中的每一列称作一个字段，它描述主题的某类特征。每个字段都应具有唯一的标识名，即字段名称，用以标识该列字段。

Access 要求字段名符合以下规则：

(1) 最长可达 64 个字符(包括空格)。

(2) 可采用字母、汉字、数字、空格和其他字符。

(3) 不能包含点(.)、感叹号(!)、方括号([])以及不可打印字符(如回车符等)。

(4) 不能使用 ASCII 码中的 34 个控制字符。

2．字段类型

在关系数据库中，一个数据表中的同一列数据必须具有共同的数据特征，字段类型就是指字段取值的数据类型。Access 2010 共有文本、数字、日期/时间、查阅向导、附件、计算和自定义型等 13 种数据类型。

3．字段属性

字段属性是指字段特征值的集合。在创建表的过程中，除了对字段的类型、大小的属性进行设置外，还要设置字段的其他属性。例如，字段的有效性规则、有效性文本，字段的显示格式等。这些属性的设置使用户在使用数据库时更加安全、方便和可靠。

1) 字段标题

标题是字段的别名，在数据表视图中，它是字段列标题显示的内容，在窗体和报表中，它是该字段标签所显示的内容。通常字段的标题为空，但是有些情况下需要设置。设置字段的标题往往和字段名是不同的。

2) 字段格式

"格式"属性用来限制字段数据在数据表视图中的显示格式。不同数据类型的字段，其格式设置不同。对于"文本"类型和"备注"类型的字段，可以在"格式"属性的设置中使用特殊的符号来创建自定义格式。

3) 使用输入掩码

在数据库管理工作中，有时常常要求以指定的格式和长度输入数据，例如学生学号既要求以数字的形式输入，又要求输入完整的数位，既不能多又不能少。Access 2010 提供的输入掩码就可以实现上述要求。设置输入掩码的最简单方法是使用 Access 2010 提供的"输入掩码向导"。

4) 设置有效性规则和有效性文本

有效性规则用来防止非法数据输入到表中，对输入的数据起着限定的作用。有效性规则使用 Access 表达式来描述。

有效性文本是用来配合有效性规则使用的。在设置了有效性文本后，当用户输入的数据违反有效性规则时，就会给出明确的提示性信息。

5) 设置默认值

默认值是一个提高输入数据效率的属性。在一个表中，经常会有一些字段的数据值相同。

6) 必填字段

"必填字段"属性取值仅有"是"或"否"两项。当取值为"是"时，表示该字段不能为空。反之字段可以为空。

7) Unicode 压缩

"Unicode 压缩"属性取值仅有"是"或"否"两项。当取值为"是"时，表示本字段中数据库可以存储和显示多种语言的文本。使用 Unicode 压缩，还可以自动压缩字段中的数据，使得数据库尺寸最小化。

8) 设置索引

在一个记录非常多的数据表中，如果没有建立索引，数据库系统只能按照顺序查找所需要的记录，这将会耗费很长的时间来读取整个表。如果事先为数据表创建了有关字段的索引，在查找这个字段信息的时候，就会快得多。这就如同在一本书中设定了目录，需要查找特定的章节，只需查看目录就可以很快查阅到对应的章节。

创建索引不仅可以加快对记录进行查找和排序的速度，还对建立表的关系、验证数据的唯一性有重要的作用。

Access 可以对单个字段或多个字段创建记录的索引，多字段索引能够进一步分开数据表中的第一个索引字段值相同的记录。

在数据表中创建索引的原则是确定经常依据哪些字段查找信息和排序。根据这个原则对相应的字段设置索引。字段索引可以取 3 个值："无""有(有重复)"和"有(无重复)"。

对于 Access 数据表中的字段，如果符合下列所有条件，推荐对该字段设置索引：

- 字段的数据类型为文本型、数字型、货币型或日期/时间型。
- 常用于查询的字段。
- 常用于排序的字段。

3.1.3 创建表

在完成表的设计工作之后，下一步的工作就是创建表。在 Access 2010 中，建立数据表的方式有以下 6 种：

(1) 使用数据表视图创建表。在 Access 中，可以通过在数据表视图中的新列中输入数据来创建新字段。通过在数据表视图中输入数据来创建字段时，Access 会自动根据输入的值为字段分配数据类型。如果输入没有包括任何其他数据类型，则 Access 会将数据类型设置为"文本"。

(2) 通过"表"模板创建表。使用 Access 2010 内置的表模板来建立。

(3) 通过"SharePoint 列表"创建表。在 SharePoint 网站建立一个列表，再在本地建立一个新表，并将其连接到"SharePoint 列表"中。

(4) 通过"表设计"创建表。在表的"设计视图"中设计表，用户需要设置每个字段的各种属性。

(5) 通过"字段"模板创建表。

(6) 通过从外部导入数据创建表。

3.1.4　主键

主键是表中的一个字段或字段集，为每条记录提供一个唯一的标识符。在数据库中，信息被划分到基于主题的不同表中，然后通过表关系和主键以指示 Access 如何将信息再次组合起来。Access 使用主键字段将多个表中的数据迅速关联起来，并以一种有意义的方式将这些数据组合在一起。

主键具有以下几个特征：

(1) 主键的值是唯一的。

(2) 该字段或字段组合从不为空或为 Null，即始终包含值。如果某列的值可以在某个时间变成未分配或未知(缺少值)，则该值不能作为主键的组成部分。

(3) 所包含的值几乎不会更改，应该始终选择其值不会更改的主键。在使用多个表的数据库中，可将一个表的主键作为引用在其他表中使用。如果主键发生更改，还必须将此更改应用到其他任何引用该键的位置。使用不会更改的主键可降低出现主键与其他引用该键的表不同步的几率。

应该始终为表指定一个主键，Access 使用主键字段将多个表中的数据关联起来，从而将数据组合在一起。为表指定主键以获得以下好处：

(1) Access 会自动为主键创建索引，这有助于改进数据库性能。

(2) Access 会确保每条记录的主键字段中有值。

(3) Access 会确保主键字段中的每个值都是唯一的。唯一值至关重要，因为不这样便无法可靠地将特定记录与其他记录相区分。

3.1.5　修改表的结构

表创建后，由于种种原因，设计的表结构不一定很完善，或由于用户需求的变化不能满足用户的实际需要，故需修改表的结构。表结构的修改既能在"设计视图"中进行，也可以在"数据表视图"中进行。

在"设计视图"中，即可以对已有字段进行修改，也可以通过"设计"选项卡下"工具"组中的"插入行"和"删除行"按钮添加新字段和删除已有字段(也可以右击字段所在行的任意位置，在快捷菜单中选择"插入行""删除行"进行修改)，或者直接单击最后一个字段的下一行进行修改。

3.1.6 表的基本操作

建立好表的结构后，就要在"数据表视图"中进行数据输入、数据浏览、数据修改、数据删除等基本操作。

1．在表中添加记录

打开表的"数据表视图"，在表尾就可以输入新的记录。

2．表中修改记录

将光标移动到所要修改的数据位置，就可以修改数据。

3．在表中删除记录

在"数据表视图"中，鼠标指针指向需要删除的记录，右击打开快捷菜单，选择其中的"删除记录"命令，或按下 Delete 键即可。

说明： 当需要删除的记录不连续时，需要分多次删除。

4．表中记录排序

由于表中的数据显示顺序与录入顺序一致，在进行数据浏览和审阅时不是很方便，故而需要用到排序。排序是常用的数据处理方法，通过排序可以为使用者提供很大的便利。在 Access 中，排序规则如下：

(1) 英文字母不分大小写，按字母顺序排序。

(2) 中文字符按照拼音字母顺序排序。

(3) 数字按照数值大小排序。

(4) 日期/时间型数据按照日期顺序的先后排序。

(5) 备注型、超链接型和 OLE 对象型的字段无法排序。

Access 提供了两种排序：一种是简单排序，即直接使用命令或按钮进行；另一种是窗口中进行的高级排序。所有的排序操作都是在"开始"选项卡中的"排序和筛选"组中进行的。

3.1.7 表中记录筛选

当数据表中的信息量较多时，用户选择感兴趣的数据信息会很不方便，通过 Access 提供的筛选功能可以满足用户需求，根据用户设定的条件选择相关的信息记录。

在 Access 2010 中，筛选记录的方法有"选择筛选""按窗体筛选"和"高级筛选"3 种。选择筛选主要用于查找在某一字段中，值满足一定条件的数据记录；按窗体筛选是在空白窗体中设置相应的筛选条件(一个或多个条件)，将满足条件的所有记录显示出来；高级筛选不仅可以筛选满足条件的记录，还可以对筛选出来的记录排序。

3.1.8　设置表的外观

在数据表视图中，可以对表的显示格式进行设计，如设置行高、列宽、字体、隐藏列或冻结列等。

3.1.9　数据的查找与替换

在数据库中，快速又准确地查找特定数据，甚至进行数据替换时，就要用到 Access 提供的"查找"和"替换"功能。在"开始"选项卡的"查找"组中，就可以看到"查找"与"替换"命令。

3.1.10　表的复制、删除及重命名

在数据库开发过程中，经常会遇到数据表的复制、删除及重命名操作。在进行此类操作时，右击表的名称，在出现的快捷菜单中包含了此类操作。复制后的表在粘贴时，会有以下 3 种方式。

(1) 仅结构：只复制表的结构至目标表，不复制表中的数据。

(2) 结构和数据：复制表的结构与数据至目标表。

(3) 将数据追加到已有的表：将表中的数据添加到已有表的尾部。

3.1.11　表间关系

在一个数据库系统中通常包括多个表，每张表也只是包含一个特定主题的信息。但是数据库中的各个表中的数据并不是独立存在的，通过不同表之间的公共字段建立联系，将不同表中的数据组合在一起，形成一个有机的整体，则须建立表间的关系。

建立多对多关系前必须建立一个链接表，将多对多关系至少划分成两个一对多关系，并将这两个表的主键都插入链接表中，通过该链接表建立多对多关系。

1．编辑表间关系

在使用表间关系的过程中，可能会对表间的关系进行修改或删除。

1) 表间关系的修改

在关系窗口中，右击表之间的关系连接线，选择"编辑关系"选项，在弹出的"编辑关系"对话框中重新选择关联的表与字段，即可进行表间关系的修改。

2) 表间关系的删除

在删除表间关系之前，首先要关闭相应的表，右击表之间的关系连接线，选择删除即可。或单击表之间的关系连接线，按 Delete 键删除。

2．参照完整性、级联更新和级联删除

1) 参照完整性

参照完整性是一个规则，Access 使用这个规则来确保相关表中记录之间关系的有效性，并且不会意外地删除或更改相关数据。

在符合下列所有条件时，可以设置参照完整性：

(1) 两个表建立一对多的关系后，"一"方的表称为主表，"多"方的表称为子表。来自于主表的相关联字段是主键。

(2) 两个表中相关联的字段都有相同的数据类型。

使用参照完整性时要遵守如下规则：在两个表之间设置参照完整性后，如果在主表中没有相关的记录，就不能把记录添加到子表中；反之，在子表中存在与之相匹配的记录时，则在主表中不能删除该记录。

2) 级联更新和级联删除

在数据库中，有时会改变表关系一端的值。此时为保证整个数据库能够自动更新所有受到影响的行，保证数据库信息的一致，就需要使用到级联更新(或级联删除)。

级联更新和级联删除的操作都是在"数据库工具"选项卡下的"关系"组中进行的。首先是要显示数据库中的所有关系，选定对应的关系连接线，单击"编辑关系"按钮或双击连接线，在弹出的对话框中复选"实施参照完整性"；其次是选择级联更新或级联删除。

3.2　上机实验

实验一　创建数据库和表

【实验目的】

熟练掌握创建表的方法，包括建立表结构和表内数据的输入。

【实验内容】

1．创建数据库"学生管理"，根据表 3-6 给定的表结构，通过数据表视图建立"学生"表，然后根据表 3-12 输入数据。

2．根据表 3-1 给定的表结构，通过设计视图创建"班级"表，然后根据表 3-7 输入数据。

3．根据表 3-4 给定的表结构，通过"字段"模板创建"课程"表，然后根据表 3-10 输入数据。

4．根据表 3-2、表 3-3 和表 3-5 给定的表结构以及表 3-8、表 3-9 和表 3-11 的内容，分别建立 3 个 Excel 表，分别命名为"成绩""教师""授课"，并将其导入"学生管理"数据库中。

表 3-1　"班级"表结构

字段名称	数据类型	字段大小	主键	必需
班级编号	文本	20	是	是
班级名称	文本	50		
人数	数字	长整型		
班主任	文本	20		

表 3-2　"成绩"表结构

字段名称	数据类型	字段大小	主键	必需
学号	文本	20	是	是
课程编号	文本	20	是	是
分数	数字	长整型		

表 3-3　"教师"表结构

字段名称	数据类型	字段大小	主键	必需
教师编号	文本	20	是	是
姓名	文本	50		是
性别	文本	2		
参加工作时间	日期/时间			
政治面貌	文本	50		
学历	文本	50		
职称	文本	50		
学院	文本	50		
联系电话	文本	50		
婚否	是/否	是/否		

表 3-4　"课程"表结构

字段名称	数据类型	字段大小	主键	必需
课程编号	文本	20	是	是
课程名称	文本	50		是
课程类别	文本	50		
学分	数字	长整型		

表 3-5　"授课"表结构

字段名称	数据类型	字段大小	主键	必需
课程编号	文本	20	是	是
班级编号	文本	20	是	是
教师编号	文本	20		
学年	文本	50		
学期	文本	50		
学时	文本	50		

表 3-6　"学生"表结构

字段名称	数据类型	字段大小	主键	必需
学号	文本	20	是	是
姓名	文本	50		是
性别	文本	2		
出生日期	日期/时间			
政治面貌	文本	50		
兴趣爱好	文本	255		
班级编号	文本	20		
照片	OLE 对象			

表 3-7　"班级"表

班级编号	班级名称	人数	班主任
2012020101	2012 级金融 1 班	55	王长海
2012020102	2012 级金融 2 班	55	王长海
2012020103	2012 级金融 3 班	54	张建梅
2012020301	2012 级保险 1 班	42	赵宏
2012020302	2012 级保险 2 班	45	赵宏
2012090101	2012 级会计学 1 班	58	王小雷
2012090102	2012 级会计学 2 班	58	王小雷
2012090201	2012 级财务管理 1 班	63	刘丽

表 3-8　"成绩"表

学号	课程编号	分数	学号	课程编号	分数
201202010101	CJ001	71	201202010117	CJ003	70
201202010101	CJ002	95	201202010117	CJ005	90
201202010101	CJ003	65	201202010118	CJ001	91
201202010101	CJ005	89	201202010118	CJ002	82
201202010102	CJ001	66	201202010118	CJ003	63
201202010102	CJ002	73	201202010118	CJ005	63
201202010102	CJ003	60	201202010119	CJ001	75
201202010102	CJ005	74	201202010119	CJ002	62
201202010103	CJ001	74	201202010119	CJ003	62
201202010103	CJ002	89	201202010119	CJ005	64
201202010103	CJ003	84	201202010120	CJ001	60
201202010103	CJ005	77	201202010120	CJ002	70
201202010104	CJ001	65	201202010120	CJ003	82
201202010104	CJ002	68	201202010120	CJ005	64
201202010104	CJ003	67	201202010121	CJ001	93
201202010104	CJ005	89	201202010121	CJ002	77

表 3-9　"教师"表

教师编号	姓名	性别	参加工作时间	政治面貌	学历	职称	学院	联系电话	婚否
T001	王志勇	男	01-Jul-94	中共党员	硕士	教授	会计学院	0931-8899001	TRUE
T002	肖贵	男	03-Aug-10	中共党员	硕士	讲师	会计学院	0931-1234567	FALSE
T003	张雪莲	女	03-Sep-91	中共党员	本科	教授	信息工程学院	0931-7654321	TRUE
T004	赵庆	男	02-Nov-99	中共党员	本科	副教授	金融学院		TRUE
T005	肖莉	女	01-Sep-89	中共党员	博士	教授	外语学院	0931-8888666	TRUE
T006	孔林	男	01-Mar-11	群众	本科	讲师	信息工程学院		FALSE
T007	张建东	男	01-Jul-02	群众	硕士	副教授	外语学院		FALSE

表 3-10 "课程"表

课程编号	课程名称	课程类别	学分
CJ001	微积分	基础课	4
CJ002	计算机文化基础	基础课	2
CJ003	大学英语	基础课	5
CJ004	政治经济学	基础课	2
CJ005	马克思主义哲学	基础课	2
CZ001	成本管理	专业课	4
CZ002	审计学	专业课	4
CZ003	管理会计	专业课	4
CZ004	保险法	专业课	4
CZ005	货币银行学	专业课	4

表 3-11 "授课"表

课程编号	班级编号	教师编号	学年	学期	学时
CJ001	2012020101	T006	2012 至 2013 学年	第一学期	4
CJ001	2012020102	T006	2012 至 2013 学年	第一学期	4
CJ001	2012020103	T006	2012 至 2013 学年	第一学期	4
CJ001	2012020301	T006	2012 至 2013 学年	第一学期	4
CJ001	2012020302	T006	2012 至 2013 学年	第一学期	4

表 3-12 "学生"表

学号	姓名	性别	出生日期	政治面貌	兴趣爱好	班级编号
201202010101	郝天雷	男	14-Feb-93	群众	电影，体育	2012020101
201202010102	张雪英	女	19-Aug-93	群众	旅游，舞蹈	2012020101
201202010103	崔小蓉	女	06-Jun-92	群众	舞蹈，音乐	2012020101
201202010104	王茹月	女	31-Dec-92	群众	读书，旅游，文学	2012020101
201202010105	梁睿智	男	30-May-92	中共党员	体育，音乐	2012020101
201202010106	雒玉荣	男	08-Jun-94	群众	美术，书法，体育	2012020101
201202010107	毛琪辉	男	21-Oct-93	群众	体育，文学	2012020101
201202010108	王倩倩	女	24-Jun-92	群众	体育，舞蹈	2012020101

【操作步骤】

1．创建数据库"学生管理"

操作步骤如下：

(1) 在"文件"|"新建"选项卡上，创建数据库"学生管理"；

(2) 选中 ID 列，在"属性"组中单击"名称和标题"按钮，或直接双击 ID 列，将名称改为"学号"；

(3) 选中已更名的"学号"列，在"格式"|"数据类型"下，将数据类型更改为"文本"；

(4) 根据表 3-6 的表结构，重复第(2)、(3)步，创建"学生"表；

(5) 根据表 3-12 输入内容，单击"保存"按钮。

2．通过设计视图创建"班级"表

操作步骤如下：

(1) 在"创建"|"表格"组中，单击"表设计"按钮；

(2) 根据班级表结构，在"字段名称"列中输入字段名称，"数据类型"列中选择相应的数据类型，并在"字段属性"窗格中设置字段大小；

(3) 单击"开始"选项卡的"视图"按钮，切换到数据表视图，根据表 3-7 的数据录入信息；

(4) 单击"保存"按钮。

3．通过"字段"模板创建"课程"表

操作步骤如下：

(1) 单击"创建"|"表格"组中的"表"按钮，新建空白表并进入该表的设计视图；

(2) "字段"|"添加和删除"下的"其他字段"选项，根据表 3-4 的"课程"表结构，选择相应的字段类型并定义字段名；

(3) 根据表 3-10 的内容输入信息；

(4) 单击"保存"按钮。

4．建立三个 Excel 表，并将其导入"学生管理"数据库中

操作步骤如下：

(1) 根据表 3-2、表 3-3 和表 3-5 的表结构，以及表 3-8、表 3-9 和表 3-11 的内容，分别建立 3 个 Excel 表，分别命名为"成绩""教师""授课"；

(2) 单击"外部数据"|"导入并链接"组中的 Excel 按钮，将"成绩"表导入数据库"学生管理"；

(3) 重复第 2 步，将其他两张表导入数据库"学生管理"；

(4) 单击"保存"按钮。

实验二　表的常用操作

【实验目的】

熟练掌握表的常用操作，包括表中记录的排序与筛选、设置表的外观和表中记录的查找与替换等。

【实验内容】

1．在"教师"表中，查找所有学历为"硕士"的姓名；并将该表中的"学院"字段值中的"信息工程学院"替换为"信工学院"，然后恢复原值。

2．在"学生"表中选择所有政治面貌为"群众"的男同学记录，并按照学号升序排列。

3．对"课程"表的外观进行设置，包括字体、字号、字体颜色等；冻结该表中的课程名称列，然后取消冻结。

4．通过"高级筛选/排序"筛选出"成绩"大于 85 分和小于 60 分的记录，按降序排列，并通过"查找"获得最高分和最低分学生的姓名。

【操作步骤】

1．查找并替换

操作步骤如下：

(1)　"教师"表的"数据表视图"中，选定"学历"字段，在"开始"|"查找"组中单击"查找"按钮；

(2)　在弹出的对话框中输入"硕士"；

(3)　反复单击"查找下一个"按钮，直到搜索结束；

(4)　选定"学院"字段，单击"开始"|"查找"组中的"查找"按钮，在弹出的对话框中单击"替换"按钮，查找内容为"信息工程学院"，替换为"信工学院"，单击"全部替换"按钮；

(5)　重复第(4)步，将"信工学院"替换为"信息工程学院"。

2．按照学号升序排列

操作步骤如下：

(1)　在"开始"|"排序和筛选"组中，单击"高级"按钮并选择"按窗体筛选"命令，性别选择"男"，政治面貌选择"群众"；

(2)　单击"高级"按钮并选择"高级筛选/排序"命令，在字段排序条件中增加"学号"字段，选择"降序"命令；

(3)　单击"高级"按钮并选择"应用筛选/排序"命令，将结果显示出来。

3．对"课程"表的外观进行设置

操作步骤如下：

(1) 在数据表视图中打开"课程表"，在"开始"|"文本格式"组中，可以对字体、字号、网格线、加粗、下划线等进行设置；

(2) 右击"课程名称"的列选择器，在弹出的快捷菜单中选择"冻结字段"命令，查看冻结结果。

4．筛选"成绩"

操作步骤略。

实验三　表间关系的建立

【实验目的】

熟练掌握表间关系的建立、编辑的操作，理解"实施参照完整性"的意义。

【实验内容】

1．建立"课程"表与"成绩"表之间的一对多的关系。
2．建立"教师"表和"课程"表之间的多对多的关系。
3．编辑已建立的表间关系，实施参照完整性。
4．根据图 3-1，完成"学生管理"数据库 6 张表之间的关系的建立。

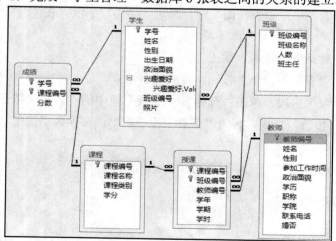

图 3-1 "学生管理"表关系

【操作步骤】

1．建立表之间的一对多的关系

操作步骤如下：

(1) 打开"学生管理"数据库；

(2) 单击"数据库工具"|"关系"组中的"关系"按钮,弹出"显示表"对话框;

(3) 分别双击"课程"与"成绩"选项(也可将表选中,单击"添加"按钮),打开"关系"窗口;

(4) 关闭"显示表"对话框,将"课程"表的"课程编号"字段拖动至"成绩"表的"课程编号"字段,出现"编辑关系"对话框;

(5) 单击"创建"按钮,完成表间关系的建立。

2．建立表之间的多对多的关系

操作步骤如下:

(1) 在"学生管理"数据库中,将"教师"表、"授课"表、"课程"表添加到"关系"窗口中;

(2) 分别为"教师"–"授课""课程"–"授课"建立一对多的关系;

(3) 在建立完表间关系后,为显示结果,可以切换到"教师"表显示结果。

3．编辑已建立的表间关系

操作步骤如下:

(1) 选定"课程"表和"成绩"表之间的关系连线,单击"设计"|"工具"组中的"编辑关系"按钮,或者双击"关系联系"按钮;

(2) 在打开的对话框中选中"实施参照完整性"复选框,再选中"级联更新相关字段和级联删除相关字段"复选框,而后单击"确定"按钮;

(3) 观察关系连线的变化;

说明: "教师"与"授课"、"课程"与"授课"表之间关系编辑方法相同。

4．建立表之间的关系

操作步骤略。

实验四 综合实验

【实验目的】

根据所学内容,创建"图书借阅管理系统"数据库,加深本章内容的了解。

【实验内容】

1. 创建"图书借阅管理系统"数据库,并根据表 3-13 至表 3-16 创建数据表。

(1) 通过"表设计",创建"图书表"结构,并输入数据。

(2) 通过"字段"模板,创建"读者表"结构,并输入数据。

(3) 通过"表"模板,创建"借阅表"结构,并输入数据。

(4) 通过从外部导入数据，创建"罚款表"结构，并输入数据。

表 3-13　"读者"表结构

字段名称	数据类型	字段大小	主键	必需
读者编号	文本	20	是	是
读者姓名	文本	50		
读者性别	文本	2		
联系地址	文本	255		
联系电话	文本	20		

表 3-14　"借阅"表结构

字段名称	数据类型	字段大小	主键	必需
编号	文本	20	是	是
读者编号	文本	20		是
图书编号	文本	20		
借阅日期	日期/时间			
到期日期	日期/时间			
归还日期	日期/时间			
归还标志	日期/时间			

表 3-15　"罚款"表结构

字段名称	数据类型	字段大小	主键	必需
编号	文本	20	是	是
借阅编号	文本	20		是
超期时间	日期/时间			
罚款金额	货币	8		

表 3-16　"图书"表结构

字段名称	数据类型	字段大小	主键	必需
图书编号	文本	20	是	是
图书书名	文本	255		
图书作者	文本	20		
ISBN 编号	文本	50		
出版日期	日期/时间	50		
定价	货币	8		
图书类别	文本	50		
图书状态	文本	50		

2. 以"图书表"为例，进行数据表的常见操作。

(1) 数据的录入。

(2) 数据的修改。

(3) 数据的复制。

(4) 记录的插入与删除。

(5) 设置字体。

(6) 设置数据表格式。

(7) 设置行高与列宽。

(8) 复制表与删除表。

(9) 对数据表进行重命名。

(10) 数据的导入与导出。

(11) 数据的查找与替换。

(12) 记录排序与筛选。

3. 表间关系的操作。

(1) 如图 3-2，创建"图书借阅管理系统"数据库的表间关系。

(2) 编辑"图书借阅管理系统"数据库中各表之间的表间关系。

(3) 删除"图书借阅管理系统"数据库中各表之间的表间关系。

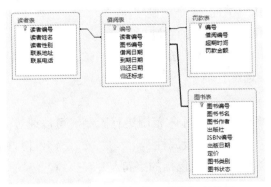

图 3-2 "图书借阅管理系统"表关系

【操作步骤】

略。

3.3 习   题

3.3.1 选择题

1. 关于表和数据库的关系，正确的是(   )。

A. 数据库就是表   B. 一个数据库可以包含多个表

C．一个数据库只能包含一张表　　　　　　D．一个表包含多个数据库

2．Access 是一种(　　)。

A．数据库管理系统软件　　　　　　　　B．操作系统软件

C．文字处理软件　　　　　　　　　　　D．图像处理软件

3．表是由(　　)组成的。

A．字段和窗体　　　　　　　　　　　　B．字段和报表

C．报表和查询　　　　　　　　　　　　D．字段和记录

4．使用自动编号类型的字段，其字段大小可以为(　　)。

A．整形　　　　　B．长整型　　　　　C．单精度型　　　　D．字节

5．在 Access 中，数据存放在(　　)。

A．报表　　　　　B．窗体　　　　　　C．表　　　　　　　D．查询

6．下列数据类型可以进行排序的是(　　)。

A．数字型　　　　B．附件型　　　　　C．超链接型　　　　D．OLE 对象型

7．以下(　　)不符合字段命名规则。

A．最长可达 64 个字符(包括空格)

B．可采用字母、汉字、数字、空格和其他字符

C．可以包含空格以及不可打印字符

D．不能使用 ASCII 码中的 34 个控制字符

8．在表的(　　)中可以设置表的主键。

A．数据表视图　　　B．数据透视图视图　　C．设计视图　　　D．以上均可

9．在查找操作中，通配任何单个字母的通配符是(　　)。

A．!　　　　　　　B．?　　　　　　　　C．*　　　　　　　D．%

10．Access 中，对输入数据的输入范围进行限制，可以通过(　　)实现。

A．字段大小　　　　B．字段属性　　　　C．有效性规则　　　D．主键

11．在 Access 中，字段名不能包括的字符是：(　　)。

A．!　　　　　　　B．@　　　　　　　C．#　　　　　　　D．&

12．以下不属于字段类型的是(　　)。

A．单精度　　　　　B．浮点型　　　　　C．文本型　　　　　D．主键

13．Access 表中，字段的数据类型不包括(　　)。

A．OLE 对象　　　　B．备注　　　　　　C．文本　　　　　　D．通用

14．表的结构不包括(　　)。

A．字段名　　　　　B．数据库名　　　　C．字段长度　　　　D．字段类型

15．Access 字段名的最大长度为(　　)。

A．64 个字符　　　　B．大于 64 个字符　　C．小于 64 个字符　　D．无限

16．在 Access 中，保存未创建主键的新建表时，说法正确的是(　　)。

A．提示用户创建主键　B．自动创建主键　　C．系统无提示　　　D．以上都对

17. 不可以设定为主键的是( )。

A. OLE 对象 B. 单字段 C. 多字段 D. 自动编号

18. 字段索引取值不包括( )。

A. 无 B. 有(有重复) C. 有(无重复) D. 其他

19. 以下( )字段的数据类型不可以设置索引。

A. 文本型 B. 数字型 C. 货币型 D. 附件

20. 以下选项中,( )不是主键所具有的特征。

A. 主键的值具有唯一性

B. 设为主键的字段或字段组合从不为空或为 Null,即始终包含值

C. 主键所包含的值几乎不会更改

D. 每个表都必须设定主键

21. 为保证输入的邮政编码为 6 位,则字段的输入掩码设置为( )。

A. 000000 B. @@@@@@ C. ****** D. !!!!!!

22. 在 Access 中,筛选的结果是为了剔除( )。

A. 不满足限定条件的记录 B. 满足限定条件的记录

C. 不满足限定条件的字段 D. 满足限定条件的字段

23. 在表中删除字段,需要注意的是( )。

A. 如果该表存在表间关系,首先删除表间关系

B. 如果该表存在引用,首先删除其他对象对于该表中需要删除字段的引用

C. 确认该字段中的信息的确无用,不得随意删除

D. 全面考虑上述 3 项

24. 在数据表视图中,不可以进行的操作为( )。

A. 修改字段名称 B. 设置主键 C. 删除记录 D. 删除字段

25. 在 Access 中,表中字段的个数不得超过( )。

A. 64 B. 128 C. 255 D. 1024

26. 在"数据表视图"中,选定连续多条记录,可以配合键盘上的( )按键。

A. Shift B. Alt C. Ctrl D. 以上均可

27. Access 中,排序规则不对的是( )。

A. 英文字母不分大小写,按字母顺序排序

B. 数字按照数值大小排序

C. 备注型、超链接型和 OLE 对象型的字段可以排序

D. 中文字符按照拼音字母顺序排序

28. 输入掩码时可以通过( )提高数据输入时的正确率。

A. 限制输入的字符数 B. 限制输入的数据类型

C. 自动填充某些数据 D. 以上全部

29. Access 表支持导入的类型有( )。

A. Excel B. Access C. 文本文件 D. 以上都有

30．Access 表可导出的格式不包括(   )。

A．Excel   B．PDF   C．DLL   D．XML

31．Access 2010 在同一时间，可以打开的数据库个数是(   )。

A．4   B．3   C．2   D．1

32．Access 2010 中，关于表的字段，以下说法正确的是(   )。

A．排列顺序任意   B．可以包含多个数据项

C．可以重名   D．取值类型任意

33．关于 Access 表的描述中，说法不正确的是(   )。

A．在 Access 表中，不可以对备注型字段进行"格式"属性设置

B．删除表中含有自动编号型字段的记录后，系统会对表中自动编号型字段进行编号

C．在关闭所有打开的表之后，才能创建表间关系

D．对字段进行注释，可以在表的设计视图中进行

34．定义表结构时，以下不用定义的是(   )。

A．字段名称   B．字段长度   C．数据库名称   D．字段类型

35．在表设计器中，定义字段的工作包括(   )。

A．字段名称   B．数据类型   C．字段属性   D．以上都是

36．Access 能够处理的数据包括(   )。

A．数字   B．文本   C．图片   D．以上都是

37．若字段内容为一段音乐，则该字段的数据类型应设置为(   )。

A．OLE 对象   B．备注   C．文本   D．超链接

38．向表中添加一个网址，需要采用的字段类型为(   )。

A．OLE 对象   B．备注   C．文本   D．超链接

39．向表中添加一个图片，需要采用的字段类型为(   )。

A．OLE 对象   B．备注   C．文本   D．超链接

40．以下叙述，不正确的是(   )。

A．在同一表中，字段名不可重复

B．字段名可以为字母与数字的组合

C．字段名最长可以为 256 个字符(128 个汉字)

D．字段名不可以包含特殊符号，如句号(。)

41．若要求出生年月只能输入包括 1996 年 1 月 1 日之后的日期，在设置字段的"有效性规则"时，以下正确的是(   )。

A．<=1996-1-1   B．>=1996-1-1   C．=1996-1-1   D．>=@1996-1-1@

42．掩码"LLLLOO"，对应的数据为(   )。

A．aaaa00   B．aaaaaa   C．00aaaa   D．000000

43．为确保输入的数据为 6 位数字，应当将该字段的输入掩码设置为(   )。

A．000000   B．######   C．??????   D．!!!!!!

44．不能使用输入掩码向导的字段是(　　)。

A．备注型　　　　B．是/否型　　　　C．A 与 B 都是　　　　D．A 与 B 都不是

45．查找字段中所有第一个字符为"k"，最后一个字符为"y"的数据，应使用的通配符为(　　)。

A．!　　　　　　B．@　　　　　　C．*　　　　　　　D．#

46．查找字段中所有第一个字符为"m"开头的信息，在查找内容框中应该输入的信息为(　　)。

A．m!　　　　　B．m@　　　　　C．m#　　　　　　D．m*

47．对表间关系描述正确的是(　　)。

A．两个表之间设置关系的字段，除表的名称可以不同，字段类型与字段内容必须相同

B．表间关系至少需要两个字段来确定

C．自动编号型字段可以与长整型数字型字段设定关系

D．以上都对

48．若在两个表之间的关系连线上显示了(　　)标记，说明启动了实施参照完整性。

A．1∶1　　　　　B．1∶∞　　　　C．A 与 B 都是　　　D．A 与 B 都不是

49．对数据表进行筛选，是为了(　　)。

A．删除表中不满足条件的记录　　　　　　B．隐藏表中不满足条件的记录

C．将表中不满足条件的记录保存在新表　　D．将表中满足条件的记录保存在新表

50．在两个表之间的关系连线上标记了了 1∶1 或 1∶∞，说明启动了(　　)。

A．实施参照完整性　　B．级联更新　　　　C．级联删除　　　D．无

3.3.2　填空题

1．数据表的主要功能就是＿＿＿＿＿＿＿＿＿＿＿＿＿＿＿＿＿＿＿＿＿＿。

2．表的结构有＿＿＿＿＿＿＿＿＿＿＿＿＿＿＿＿＿＿＿＿＿＿。

3．在字段类型中，文本型最多为＿＿＿＿字符；备注型最多为＿＿＿＿个字符。

4．存储图像、图表时，字段类型可以设置为＿＿＿＿或＿＿＿＿。

5．在"数据表视图"中可以进行＿＿＿＿、＿＿＿＿、＿＿＿＿、＿＿＿＿等基本操作。

6．Access 提供了两种排序：＿＿＿＿和＿＿＿＿。

7．在 Access 2010 中，筛选记录的方法有＿＿＿＿、＿＿＿＿、＿＿＿＿3 种。

8．复制后的表在粘贴时，系统提示的 3 种方式为＿＿＿＿、＿＿＿＿、＿＿＿＿。

9．主键是表中的＿＿＿＿或＿＿＿＿，为每条记录提供一个唯一的标识符。

10．字段的＿＿＿＿是在给字段输入数据时所设置的限制条件。

11．在表中，按两个不相邻的字段进行排序，需使用＿＿＿＿窗口。

12．用于建立两表之间关联的两个字段，必须具有相同的＿＿＿＿。

13．在表的＿＿＿＿视图中可以给表添加数据。

14. 备注类型的字段，可以存放_____字符。

15. _____数据类型可以用于为每条新纪录自动生成数字。

3.3.3　简答题

1. 什么是表？表的设计原则有哪些？

2. 在 Access 2010 中，建立数据表的方式有哪些？

3. Access 2010 的字段类型分别有哪些数据类型？

4. 在表关系中，参照完整性的作用是什么？级联更新和级联删除各起什么作用？

5. 设置主键时，需要注意哪些？

6. 举例说明字段的有效性规则和有效性文本属性的意义和使用方法。

7. Access 的排序规则有哪些？

8. 表间关系的作用是什么？

9. 建立索引的作用是什么？

10. Access 在获取外部数据时，链接表与导入表的区别是什么？

第4章 查　　询

【学习要点】
➢ 查询的概念、作用与分类
➢ 查询条件
➢ 选择查询的创建与使用
➢ 参数查询的创建与使用
➢ 交叉表查询的创建与使用
➢ 操作查询的创建与使用
➢ SQL 查询

4.1　知识要点

4.1.1　查询的功能

查询主要有以下几个方面的功能。

- 选择字段：选择表中的部分字段生成所需的表或多个数据集。
- 选择记录：根据指定的条件查找所需的记录，并显示查找的记录。
- 编辑记录：添加记录，修改记录和删除记录。
- 实现计算：查询满足条件的记录，还可以在建立查询过程中进行各种计算。
- 建立新表：操作查询中的生成表查询可以建立新表。
- 为窗体和报表提供数据：可以作为建立报表和查询的数据源。

4.1.2　查询的类型

根据对数据源的操作方式及查询结果的不同，Access 2010 提供的查询可以分为 5 种类型，分别是选择查询、交叉表查询、参数查询、操作查询、SQL 查询。

1. 选择查询

选择查询是指根据指定的条件，从一个或多个数据源中获取数据并显示结果，也可对分组的记录进行总计、计数、平均以及其他类型的计算。

2. 交叉表查询

交叉表查询就是将来源于某个表中的字段进行分组，一组列在交叉表的左侧，一组列在交叉表的上部，并在交叉表行与列交叉处显示表中某个字段的汇总计算值(可以计算平均值、总计、最大值、最小值等)。

3. 参数查询

参数查询是一种根据用户输入的条件或参数来检索记录的查询。参数查询分为单参数查询和多参数查询两种。执行查询时，只需要输入一个条件参数的称为单参数查询；而执行查询时，针对多组条件，需要输入多个参数条件的称为多参数查询。

4. 操作查询

操作查询是利用查询所生成的动态结果集，对表中的数据进行更新的一类查询。其包括：生成表查询、删除查询、更新查询、追加查询。

5. SQL 查询

SQL 是用来查询、更新和管理关系型数据库的标准语言。SQL 查询就是用户使用 SQL 语句创建的查询。常用的 SQL 查询有联合查询、传递查询、数据定义查询和子查询。

4.1.3　创建查询的方法

在 Access 2010 中，创建查询的方法主要有以下两种。

1. 使用查询设计视图创建查询

使用查询设计视图创建查询，首先要打开查询设计视图窗口，然后根据需要进行查询定义。

操作步骤如下：

(1) 打开数据库。

(2) 在"创建"|"查询"组中，单击"查询设计"按钮，打开"查询设计器"窗口。

(3) 在打开"查询设计器"窗口的同时，弹出"显示表"对话框。

(4) 在"显示表"对话框中，选择作为数据源的表或查询，将其添加到查询设计器窗口的数据源窗格中。在查询设计器窗口的查询定义窗格中，通过"字段"列表框选择所需字段，选中的字段将显示在查询定义窗格中。

(5) 在查询设计器窗口的查询定义窗格中，打开"排序"列表框，可以指定查询的排序关键字和排序方式。

(6) 使用"显示"复选框可以设置某个字段是否在查询结果中显示，若复选框被选中，则显示该字段，否则不显示。

(7) 在"条件"文本框中输入查询条件，或者利用表达式生成器输入查询条件。

(8) 保存查询，创建查询完成。

2．使用查询向导创建查询

使用查询向导创建查询，就是使用系统提供的查询向导，按照系统的引导，完成查询的创建。

在 Access 2010 共提供了 4 种类型的查询向导，包括简单查询向导、交叉表查询向导、查找重复项查询向导和查找不匹配项查询向导。它们创建查询的方法基本相同，用户可以根据需要进行选择。

操作步骤如下：

(1) 打开数据库；

(2) 选择"创建"选项卡的"查询"组，单击"查询向导"按钮，打开"新建查询"对话框；

(3) 在"新建查询"对话框中，选择需要的查询向导，根据系统引导选择参数或者输入信息；

(4) 保存查询。

4.1.4　查询条件

在实际应用中，经常查询满足某个条件的记录，这需要在查询时进行查询条件的设置，而查询条件是通过输入表达式来表示的。

表达式是由操作数和运算符构成的可计算的式子。其中操作数可以是常量、变量、函数，甚至可以是另一个表达式(子表达式)；运算符是表示进行某种运算的符号，包括算术运算符、关系运算符、逻辑运算符、连接运算符、特殊运算符和对象运算符等，表达式具有唯一的运算结果。

1．常量

常量代表不会发生更改的值。

2．变量

变量是指在运算过程中其值允许变化的量。

3．函数

函数是用来实现某指定的运算或操作的一个特殊程序。

4.1.5　SQL 查询

SQL 查询是使用 SQL 语言创建的一种查询。在 Access 中每个查询都对应着一个 SQL 查询命令。当用户使用查询向导或查询设计器创建查询时，系统会自动生成对应的 SQL 命令，可以在 SQL 视图中查看，除此之外，用户还可以直接通过 SQL 视图窗口输入 SQL 命令来创建查询。

- 数据查询语句(SELECT)：单表查询、多表查询、嵌套查询、联合查询。
- 其他的 SQL 语句：数据定义语句(CREAT、ALTER、DROP)、数据操纵语句(INSERT、UPDATE、DELETE)。

4.2　上机实验

实验一　表达式验证

【实验目的】

了解构成表达式的常量、变量、函数和运算符的作用，并掌握其使用方法。

【实验内容】

验证配套教材《Access 2010 数据库应用教程》4.2 节中讲到的表达式(含常量、函数、运算符等)的作用及书写方法。

【操作步骤】

操作步骤如下：

(1) 打开"学生管理"数据库；

(2) 单击"创建"选项卡"宏与代码"组中的"模块"按钮，打开 VBA 窗口；

(3) 在"立即窗口"中输入"? 需要验证的表达式"，按 Enter 键，查看表达式的值，如图 4-1 所示。

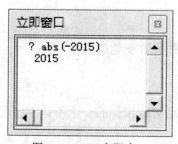

图 4-1　VBE 立即窗口

实验二 建立选择查询

【实验目的】

掌握建立选择查询的方法。

【实验内容】

1．使用简单查询向导，对"学生"表创建一个名为"学生单表简单查询"的简单查询，只要显示"学号，姓名，性别，出生日期"等字段。

2．对"学生""课程""成绩"表创建一个名为"学生多表简单查询"的简单查询，只要显示"学号，姓名，课程名称，分数"等字段。

3．使用重复项查询向导，在"学生"表中，查找出生日期相同的学生。此查询命名为"出生日期相同学生查询"。

4．使用查找不匹配项查询，在"学生"和"成绩"表中，查找没有成绩的学生。此查询命名为"缺考学生查询"。

5．在"学生"表中，查询出生日期是 1992 年的中共党员。

6．在"学生"表中，查询姓张的学生。

7．查询 1993 年出生的男学生，并按出生日期升序排序。

【操作步骤】

1．使用简单查询向导

操作步骤如下：

(1) 打开"学生管理"数据库，通过"简单查询向导"创建查询；

(2) 添加字段，将"学生"表的学号、姓名、性别、出生日期字段设置为选定字段，如图 4-2 所示；

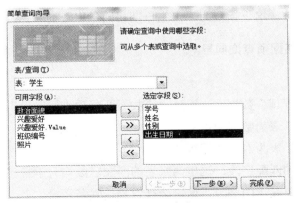

图 4-2 设置字段

(3) 为查询指定标题，这里输入"学生单表简单查询"。

2．多表简单查询

操作步骤如下：

(1) 打开"学生管理"数据库，通过"简单查询向导"创建查询；

(2) 添加字段，将"学生"表的学号、姓名，"课程"表的课程名称和"成绩"表的分数字段设置为选定字段；

(3) 确定采用明细还是汇总，这里选择"明细"选项，如图 4-3 所示；

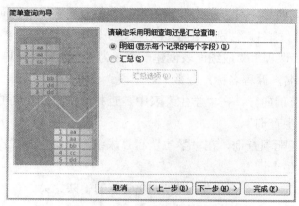

图 4-3　确定查询明细/汇总信息

(4) 为查询指定标题，这里输入"学生多表简单查询"。

3．使用查找重复项查询向导

操作步骤如下：

(1) 打开"学生管理"数据库，通过"查找重复项查询向导"创建查询；

(2) 设置数据源为"学生"表；

(3) 设置重复信息字段为出生日期字段；

(4) 设置其他显示字段，这里选择全部可用字段；

(5) 指定查询名称，这里指定为"出生日期相同学生查询"。

4．使用查找不匹配项查询向导

操作步骤如下：

(1) 打开"学生管理"数据库，通过"查找不匹配项查询向导"创建查询；

(2) 设置"学生"表为数据源；

(3) 设置"成绩"表为对比数据源；

(4) 设置两张表的匹配字段，这里两张表的匹配字段均为学号字段；

(5) 设置结果中要显示的字段，这里选择学号、姓名字段。

(6) 指定查询名称，这里指定为"缺考学生查询"。

5．查询条件设置

操作步骤如下：

(1) 利用查询"设计视图"创建查询，设置数据源为"学生"表；

(2) 添加字段，在查询"设计视图"中，选中"学生"表的所有字段拖动到 QBE 网格字段行；

(3) 设置查询条件，在 QBE 网格"出生日期"列的"条件"行中输入"year([出生日期])=1992"；

(4) 保存查询，运行查询。

实验三　建立参数查询

【实验目的】

掌握建立参数查询的方法。

【实验内容】

1．在"学生"表中根据输入的姓氏查询学生信息。

2．根据用户输入的学院名称和职称查询该学院的教师信息。

【操作步骤】

1．单参数查询

操作步骤如下：

(1) 利用查询"设计视图"创建查询，设置数据源为"学生"表；

(2) 在查询"设计视图"中，选中"学生"表的所有字段拖动到 QBE 网格字段行；

(3) 在"姓名"列对应的"条件"行中输入"like [请输入姓氏] & "*""；

(4) 保存查询；

(5) 运行查询，在弹出的对话框中输入姓氏，如图 4-4 所示。

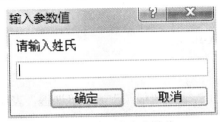

图 4-4　设置查询参数值

2．多参数查询

操作步骤如下：

(1) 利用查询"设计视图"创建查询，设置数据源为"教师"表；

(2) 添加字段，在查询"设计视图"中，选中"教师"表的所有字段拖动到 QBE 网格字段行；

(3) 设置查询条件，在"学院"列对应的"条件"行中输入"[请输入学院名称：]"，在"职称"列对应的"条件"行中输入"[请输入教师的职称：]"；

(4) 保存查询；

(5) 运行查询，在两次弹出的对话框中依次输入学院名称、职称。

实验四 建立交叉表查询

【实验目的】

掌握建立交叉表查询的方法。

【实验内容】

1. 利用交叉表查询向导建立查询显示不同性别各个班级的学生人数。

2. 建立一个交叉表查询，以班级名称作为行标题，课程名称作为列标题，统计各班各门课程的平均分(取整数)。

【操作步骤】

1. 使用交叉表查询向导

操作步骤如下：

(1) 通过"交叉表查询向导"创建查询，设置数据源为"学生"；

(2) 设置行标题，这里选择"性别"；

(3) 设置列标题，这里选择"学院"；

(4) 设置行列交叉点的值，这里选择"学号"，函数选择 count；

(5) 指定查询名称；

(6) 运行查询。

2. 设计视图中交叉表建立

操作步骤如下：

(1) 设置数据源为"学生"表、"成绩"表、"课程"表和"班级"表；

(2) 设置行标题、列标题和值，如图 4-5 所示；打开"分数"列的属性表，设置格式为固定，小数位数为 0；

(3) 保存查询，运行查询。

图 4-5　查询"设计视图"

实验五　建立操作查询

【实验目的】
掌握建立操作查询的方法。

【实验内容】
1．用生成表查询将"教师"表中的教授信息筛选出来生成"教授"表，将副教授的信息筛选出来生成"副教授"表。

2．建立更新查询，将"副教授"表中教师编号是"T007"的教师职称由"副教授"更新为"教授"。

3．建立追加查询，将"副教授"表中职称是"教授"的教师信息追加到"教授"表中。

4．建立删除查询，删除"副教授"表中的职称是"教授"的教师信息。

【操作步骤】

1．生成表查询

操作步骤如下：

(1) 利用查询"设计视图"建立生成表查询，设置数据源为"教师"表；

(2) 设置查询类型为生成表查询，在"生成表中"对话框中输入名称为"教授"；

(3) 添加字段；

(4) 保存查询，运行查询。

生成"副教授"表操作同上。

2．更新查询

操作步骤如下：

(1) 利用查询"设计视图"建立生成表查询，设置数据源为"副教授"表；

(2) 设置查询类型为更新查询；

(3) 将"教师编号"字段添加到 QBE 网格第一列，在"条件"行中输入"T007"；

(4) 设置更新内容，将"职称"字段添加到 QBE 网格第二列，在"更新到"行输入"教授"；

(5) 保存查询，运行查询。

3．追加查询

操作步骤如下：

(1) 利用查询"设计视图"建立生成表查询，设置数据源为"副教授"表；

(2) 设置查询类型为追加查询，在"追加"对话框中选择追加到表名称为"教授"表；

(3) 添加字段、设置追加条件，如图 4-6 所示；

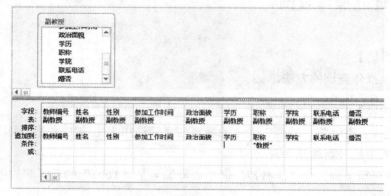

图 4-6　查询"设计视图"

(4) 保存查询，运行查询。

4．删除查询

操作步骤如下：

(1) 利用查询"设计视图"建立生成表查询，设置数据源为"副教授"表；

(2) 设置查询类型为删除查询；

(3) 将"职称"字段添加到 QBE 网格第一列；

(4) 设置删除条件，在 QBE 网格"职称"列的"条件"行中输入"教授"；

(5) 保存查询，运行查询。查看删除后的"副教授"表。

实验六　建立 SQL 查询

【实验目的】

掌握 SQL 语言的数据查询语句。

【实验内容】

1．查询"课程"表中所有课程的全部信息；

2．查询"教师"表中每位教师的教师编号、姓名、性别、职称、学院和参加工作年限；

3．在"教师"表中查询性别字段的值，结果不取重复值；

4．在"学生"表中查询 1993 年以后(含 1993 年)出生的或者政治面貌为中共党员的学生信息；

5．在"成绩"表中查询课程编号为"CJ001"的课程的最高分、最低分和相差分数；

6．在"成绩"表中查询选修每门课程的人数，在结果中显示课程编号和选课人数；

7．查询有选课记录的学生的学号、姓名、课程名称和分数；

8．查询分数在 80 到 100 之间的学生的学号、姓名、课程名称和分数信息，并按分数降序排序；

9．建立查询，计算每名学生所选课程的学分总和，并显示总学分最多的 5%的学生的学号、姓名和总学分；

10．统计选修课程在 3 门以上(含 3 门)的学生的学号、姓名和平均成绩；

11．查询年龄大于男生平均年龄的女生的学号、姓名和年龄；

12．查询是中共党员的教师和学生的编号(教师查教师编号、学生查学号)和姓名。

【操作步骤】

操作步骤如下：

(1) 打开数据库后，单击"创建"选项卡下"查询"组中的"查询设计"按钮，关闭弹出的"显示表"对话框；

(2) 单击"设计"选项卡下"结果"组中的 SQL 按钮；

(3) 在"SQL 视图"窗口中可以输入 SQL 语句；

(4) 编写完毕后保存查询，然后运行该查询即可查看查询结果。

本实验中各题目的 SQL 语句如下(仅供参考)：

(1) SELECT * FROM 课程

(2) SELECT 教师编号,姓名,性别,职称,学院, Year(Date())-Year([参加工作时间]) AS 参加工作年限 FROM 教师

(3) SELECT DISTINCT 性别 FROM 教师

(4) SELECT * FROM 学生 WHERE 出生日期=Year([出生日期]) OR 政治面貌="中共党员"

(5) SELECT Max([分数]) AS 最高分,Min([分数]) AS 最低分,Max([分数])−Min([分数]) AS 相差分数 FROM 成绩 WHERE 课程编号="CJ001"

(6) SELECT 课程编号,COUNT(*) AS 选课人数，FROM 成绩 GROUP BY 课程编号

(7) SELECT 学生.学号,姓名,分数 FROM 学生,成绩,课程 WHERE 学生.学号=成绩.学号 AND 成绩.课程编号=课程.课程编号

(8) SELECT 学生.学号,学生.姓名,课程.课程名称,成绩.分数 FROM 学生 INNER JOIN (课程 INNER JOIN 成绩 ON 课程.课程编号 = 成绩.课程编号) ON 学生.学号 = 成绩.学号 WHERE 分数=80 And 分数<=100 ORDER BY 分数 DESC

(9) SELECT TOP 5 PERCENT 学生.学号,学生.姓名,Sum(课程.学分) AS 学分之合计 FROM 学生 INNER JOIN (课程 INNER JOIN 成绩 ON 课程.课程编号 = 成绩.课程编号) ON 学生.学号 = 成绩.学号 GROUP BY 学生.学号, 学生.姓名

(10) SELECT 学生.学号,学生.姓名,Avg(成绩.分数) AS 分数之平均值 FROM 学生 INNER JOIN 成绩 ON 学生.学号 = 成绩.学号 GROUP BY 学生.学号,学生.姓名 HAVING (((学生.学号) In (SELECT 成绩.学号 FROM 成绩 GROUP BY 成绩.学号 HAVING COUNT(成绩.学号) >=4)))

(11) SELECT 学号,姓名,Year(Date())-Year([出生日期]) AS 年龄 FROM 学生 WHERE ((Year(Date())-Year([出生日期])>(SELECT AVG(Year(Date())-Year([出生日期])) FROM 学生 WHERE 性别="男")) AND 性别="女"

(12) SELECT 教师编号 AS 编号,姓名 FROM 教师 WHERE 政治面貌="中共党员"

```
UNION
SELECT 学号 AS 编号,姓名 FROM 学生 WHERE 政治面貌="中共党员"
```

实验七　其他 SQL 语句

【实验目的】
掌握 SQL 语言的数据定义和数据操纵语句。

【实验内容】
1. 创建学生表 Student，由以下属性组成：SNO(INT 型,主码)，SNAME(CHAR 型,长度为 8,非空唯一)，SEX(CHAR 型,长度为 2)，DEPTNO(INT 型)。
2. 在 Student 表中加入属性 AGE(INT 型)。
3. 将 Student 表中的属性 SAGE 类型改为 SMALLINT 型。
4. 在 Student 表上建立关于 SNO 的唯一索引。
5. 删除 Student 表上的索引 stusno。
6. 在所有操作结束后删除 Student 表。

【操作步骤】
完成本实验中各题目的 SQL 语句如下(仅供参考)。

(1) CREATE TABLE Student(SNO INT PRIMARY KEY,SNAME CHAR(8) NOT NULL UNIQUE,SEX CHAR(2),DEPTNO INT)

(2) ALTER TABLE Student ADD AGE INT

(3) ALTER TABLE Student ALTER COLUMN SAGE SMALLINT

(4) CREATE UNIQUE INDEX stusno ON Student(SNO)

(5) DROP INDEX stusno

(6) DROP TABLE Student

4.3　习　　题

4.3.1　选择题

1. 以下的 SQL 语句中，(　　)语句用于创建表。

A．CREATE TABLE　B．CREATE INDEX　　C．ALTER TABLE　　D．DROP

2. 在 Access 中已建立了"学生"表，表中有"学号""姓名""性别"和"入学成绩"等字段。执行 SQL 命令：Select 性别, Avg(入学成绩) From 学生 Group By 性别。其结果是(　　)。

A．计算并显示所有学生的性别和入学成绩的平均值

B．按性别分组计算并显示性别和入学成绩的平均值

C．计算并显示所有学生的入学成绩的平均值

D．按性别分组计算并显示所有学生的入学成绩的平均值

3. 关于 SQL 查询，以下说法不正确的是(　　)。

A．SQL 查询是用户使用 SQL 语句创建的查询

B．在查询设计视图中创建查询时，Access 将在后台构造等效的 SQL 语句

C．SQL 查询可以用结构化的查询语言来查询、更新和管理关系数据库

D．SQL 查询更改之后，可以以设计视图中所显示的方式显示，也可以从设计网格中进行创建

4. 将表 A 的记录添加到表 B 中，要求保持表 B 中原有的记录，可以使用的查询是(　　)。

A．选择查询　　　　　B．生成表查询　　　　C．追加查询　　　　　D．更新查询

5. 若要查询成绩为 85~100 分(包括 85 分，不包括 100 分)的学生的信息，查询条件设置正确的是(　　)。

A．>84 Or <100　　　　　　　　　　　B．Between 85 With 100

C．IN(85,100)　　　　　　　　　　　　D．>=85 And <100

6. 用于获得字符串 S 从第 3 个字符开始的 2 个字符的函数是(　　)。

A．Mid(S,3,2)　　　　B．Middle(S,3,2)　　　C．Left(S,3,2)　　　　D．Right(S,3,2)

7. 表达式 1+3\2>1 Or 6 Mod 4<3 And Not 1 的运算结果是(　　)。

A．−1　　　　　　　B．0　　　　　　　　C．1　　　　　　　　D．其他

8. 下图是使用查询设计器完成的查询，与该查询等价的 SQL 语句是(　　)。

A. Select 学号,数学 From Sc Where 数学>(Select Avg(数学) From Sc)

B. Select 学号 Where 数学>(Select Avg(数学) From Sc)

C. Select 数学 Avg(数学) From Sc

D. Select 数学>(Select Avg(数学) From Sc)

9. 在 SQL 查询中,若要取得"学生"数据表中的所有记录和字段,其 SQL 语法为(   )。

A. SELECT 姓名 FROM 学生

B. SELECT * FROM 学生

C. SELECT 姓名 FROM 学生 WHERE 学号=02650

D. SELECT * FROM 学生 WHERE 学号=02650

10. 下图显示的是查询设计视图的"设计网络"部分,从此部分所示的内容中可以判断出要创建的查询是(   )。

A. 删除查询   B. 生成表查询   C. 选择查询   D. 更新查询

11. 在 SQL 查询中可直接将命令发送到 ODBC 数据库服务器中的查询是(   )。

A. 传递查询   B. 联合查询   C. 数据定义查询   D. 子查询

12. 在 SELECT 语句中,"\"的含义是(   )。

A. 通配符,代表一个字符   B. 通配符,代表任意字符

C. 测试字段是否为 NULL   D. 定义转义字符

13. SQL 集数据查询、数据操纵、数据定义和数据控制功能于一体,动词 INSERT、DELETE、UPDATE 实现(   )。

A. 数据定义   B. 数据查询   C. 数据操纵   D. 数据控制

14. 下列统计函数中不能忽略空值(NULL)的是(   )。

A. SUM   B. AVG   C. MAX   D. COUNT

15．下面有关生成表查询的论述中正确的是(　　)。

A．生成表查询不是一种操作查询

B．生成表查询可以利用一个或多个表中的满足一定条件的记录来创建一个新表

C．生成表查询将查询结果以临时表的形式存储

D．对复杂的查询结果进行运算是经常应用生成表查询来生成一个临时表，生成表中的数据是与原表相关的，不是独立的，必须每次都生成以后才能使用

16．简单、快捷的创建表结构的视图形式是(　　)。

A．数据库视图　　　B．表向导视图　　　C．设计视图　　　D．数据表视图

17．在下面关于数据表视图与查询关系的说法中，错误的是(　　)。

A．在查询的数据表视图和表的数据表视图中窗口几乎相同

B．在查询的数据表视图中对显示的数据记录的操作方法和表的数据表视图中的操作相同

C．查询可以将多个表中的数据组合到一起，使用查询进行数据的编辑操作可以像在一个表中编辑一样，对多个表中的数据同时进行编辑

D．基础表中的数据不可以在查询中更新，这与在数据表视图的表窗口中输入新值不一样，因为这里充分考虑到基础表的安全性

18．在 SQL 的 SELECT 语句中，用于实现选择运算的是(　　)。

A．FOR　　　　　B．WHILE　　　　C．IF　　　　D．WHERE

19．假设图书表中有一个时间字段，查找 2006 年出版的图书的条件是(　　)。

A．Between #2006-01-01# And #2006-12-31#

B．Between "2006-01-01" And "2006-12-31"

C．Between "2006.01.01" And "2006.12.31"

D．#2006.01.01# And #2006.12.31#

20．利用表中的行和列来统计数据的查询是(　　)。

A．选择查询　　　B．操作查询　　　C．交叉表查询　　　D．参数查询

21．若要查询课程名称为 Access 的记录，在查询设计视图对应字段的条件中，错误的表达式是(　　)。

A．Access　　　　B．"Access"　　　C．"*Access*"　　　D．Like"Access"

22．若在"学生"表中查找所有姓"王"的记录，可以在查询设计视图的条件行中输入(　　)。

A．Like "王"　　　B．Like "王*"　　　C．="王"　　　D．="王*"

23．在创建交叉表查询时，用户需要指定(　　)种字段。

A．1　　　　　B．2　　　　C．3　　　　D．4

24．在下面有关查询基础知识的说法中，不正确的是(　　)。

A．操作查询可以执行一个操作，如删除记录或是修改数据

B．选择查询可以用来查看数据

C．操作查询的主要用途是对少量的数据进行更新

D．Access 提供了 4 种类型的操作查询：删除查询、更改查询、追加查询和生成表查询

25．查询最近 30 天的记录应使用(　　　)作为条件。

A．Between Date() And Date()－30　　　　　B．Between Date()－30 And Date()

C．<=Date()－30　　　　　　　　　　　　D．<Date()－30

4.3.2　填空题

1．在创建交叉表查询时，用户需要指定_____种字段。

2．_____查询与选择查询相似，都是由用户指定查找记录的条件。

3．采用_____语句可将学生表中性别是"女"的各科成绩加上 10 分。

4．操作查询共有删除查询、_____、_____和_____。

5．SQL 查询就是用户使用 SQL 语句来创建的一种查询。SQL 查询主要包括_____、传递查询、_____和子查询等 4 种。

6．在建交叉表时，必须对行标题和_____进行分组操作。

7．在创建联合查询时如果不需要返回重复记录，应输入带有_____运算的 SQL SELECT 语句；如果需要返回重复记录，应输入带有_____运算的 SQL SELECT 语句。

8．数值函数 Abs()返回数值表达式值的_____。

9．用文本值作为查询准则时，文本值要用_____括起来。

10．当用逻辑运算符 Not 连接的表达式为真时，则整个表达式为_____。

11．特殊运算符 Is Null 用于指定一个字段为_____。

12．如果需要返回前 5 条记录，应输入带有_____的 SQL SELECT 语句。

13．查询的"条件"项上，同一行的条件之间是_____的关系，不同行的条件之间是_____的关系。

4.3.3　简答题

1．什么是查询？查询有哪些类型？

2．什么是选择查询？什么是操作查询？

3．选择查询和操作查询有何区别？

4．查询有哪些视图方式？各有何特点？

5．简述 SQL 查询语句中各子句的作用。

第5章　窗　　体

【学习要点】
➤ 窗体的功能、类型与组成
➤ 窗体的创建
➤ 窗体控件的使用
➤ 窗体属性和控件属性的设置
➤ 主/子窗体的创建

5.1　知识要点

5.1.1　窗体的功能

窗体是 Access 数据库中的对象，主要用于数据库应用程序创建用户界面。窗体主要有以下几个基本功能。

1. 数据操作

通过窗体可以清晰、直观地显示一个表或者多个表中的数据记录，并对数据进行输入或编辑。

2. 信息显示和打印

通过窗体可以根据需要灵活地显示提示信息，并能进行数据打印。

3. 控制应用程序流程

通过在窗体上放置各种命令按钮控件，用户可以通过控件做出选择，并向数据库发出各种命令。窗体可以与宏一起配合使用，来引导过程动作的流程。

5.1.2　窗体的视图

窗体有窗体视图、数据表视图、数据透视图视图、数据透视表视图、布局视图和设计视图 6 种。最常用的是窗体视图、布局视图和设计视图。不同类型的窗体具有的视图类型有所不同。窗体在不同的视图中完成不同的任务。窗体在不同视图之间可以方便地进行切换。

1．窗体视图

窗体视图是操作数据库时的视图，是完成窗体设计后的结果。

2．数据表视图

数据表视图是显示数据的视图，同样也是完成窗体设计后的结果。

窗体的"数据表视图"与表和查询的数据表视图外观基本相似，稍有不同。在这种视图中，可以一次浏览多条记录，也可以使用滚动条或利用"导航"按钮浏览记录，其方法与在表和查询的数据表视图中浏览记录的方法相同。

3．数据透视图视图

在数据透视图视图中，把表中的数据信息及数据汇总信息，以图形化的方式直观显示出来。

4．数据透视表视图

数据透视表视图可以动态地更改窗体的版面布置，重构数据的组织方式，从而方便地以各种不同方法分析数据。

5．布局视图

在布局视图中可以调整和修改窗体设计，可以根据实际数据调整列宽，还可以在窗体上放置新的字段，并设置窗体及其控件的属性、调整控件的位置和宽度。切换到布局视图后，可以看到窗体的控件四周被虚线围住，表示这些控件可以调整位置和大小。

6．设计视图

设计视图是 Access 数据库对象(包括表、查询、窗体和宏)都具有的一种视图。在设计视图中不仅可以创建窗体，更重要的是可以编辑修改窗体。

5.1.3　窗体的组成

窗体的设计视图中主要包含 3 类对象：节、窗体和控件。窗体设计视图由 5 个部分构成，每一部分称为一个节。

1．窗体页眉

用于显示窗体的标题和使用说明，或打开相关窗体或执行其他任务的命令按钮。显示在窗体视图中顶部或打印页的开头。

2．页面页眉

用于显示在窗体中每页的顶部要显示的标题、列标题、日期或页码。

3．主体

用于显示窗体的主要部分，主体中通常包含绑定到记录源中字段的控件。但也可能包含未绑定控件，如字段或标签等。

4．页面页脚

用于在窗体中每页的底部显示汇总、日期或页码。

5．窗体页脚

用于显示窗体的使用说明、命令按钮或接受输入的未绑定控件。显示在窗体视图中的底部和打印页的尾部。

5.1.4　窗体的类型

在 Access 中，窗体的类型分为 6 种，分别是纵栏式窗体、表格式窗体、数据表窗体、主/子窗体、图表窗体和数据透视表窗体。

1．纵栏式窗体

在窗体界面中每次只显示表或查询中的一条记录，可以占一个或多个屏幕页，记录中的各字段呈纵向排列。纵栏式窗体通常用于输入数据，每个字段的字段名称都放在字段左边。

2．表格式窗体

在窗体中显示表或查询中的记录。记录中的字段横向排列，记录纵向排列。每个字段的字段名称都放在窗体顶部，做窗体页眉。可通过滚动条来查看其他记录。

3．数据表窗体

从外观上看与数据表或查询显示数据界面相同，主要作用是作为一个窗体的子窗体。

4．主/子窗体

窗体中的窗体称为子窗体，包含子窗体的窗体称为主窗体。通常用于显示多个表或查询的数据；这些表或查询中的数据具有一对多的关系。主窗体显示为纵栏式的窗体，子窗体可以显示为数据表窗体，也可以显示为表格式窗体。子窗体中可以创建二级子窗体。

5．图表窗体

Access 2010 提供了多种图表，包括折线图、柱型图、饼图、圆环图、面积图、三维条型图等。可以单独使用图表窗体，也可以将它嵌入到其他窗体中作为子窗体。

6．数据透视表窗体

数据透视表窗体是一种交互式表，可动态改变版面布置，以按不同方式计算、分析数据。

5.1.5　创建窗体

在"创建"选项卡的"窗体"组中，提供了多种创建窗体的功能按钮。其中包括："窗体""窗体设计"和"空白窗体"3 个主要的按钮，还有"窗体向导""导航"和"其他窗体"3 个辅助按钮。

1．使用按钮快速创建

(1) 使用"窗体"按钮所创建的窗体，其数据源来自某个表或某个查询段，其布局结构简单、规整。

(2) 使用"多个项目"创建窗体，即在窗体上显示多个记录的一种窗体布局形式。

(3) "分割窗体"是用于创建一种具有两种布局形式的窗体。在窗体的上半部是单一记录布局方式，在窗体的下半部是多个记录的数据表布局方式。这种分割窗体为用户浏览记录带来了方便，既可以宏观上浏览多条记录，又可以微观上明细地浏览一条记录。分割窗体特别适合于数据表中记录很多，又需要浏览某一条记录明细的情况。

2．使用向导创建

使用按钮创建窗体虽然方便快捷，但是无论在内容和外观上都受到很大的限制，不能满足用户较高的要求，为此可以使用窗体向导来创建内容更为丰富的窗体。

3．使用设计视图创建

很多情况下，使用向导或者其他方法创建的窗体只能满足一般的需要，不能满足创建复杂窗体的需要。如果要设计灵活复杂的窗体需要使用设计视图创建窗体，或者用向导及其他方法创建窗体，完成后在窗体设计视图中进行修改。

在导航窗格中，在"创建"选项卡的"窗体"组中，单击"窗体设计"按钮，就会打开窗体的设计视图。默认情况下，设计视图只有主体节。如果需要添加其他节，在窗体中右击，在打开的快捷菜单中，选择"页面页眉/页脚"和"窗体页眉/页脚"命令。

4．使用数据透视图创建窗体

数据透视图是一种交互式的图，利用它可以把数据库中的数据以图形方式显示，从而可以直观地获得数据信息。

单击"创建"|"窗体"|"其他窗体"|"数据透视图"按钮创建数据透视图窗体，第一步只是窗体的半成品，接着还需要用户通过选择填充有关信息进行第二步创建工作，整个窗体才创建完成。

5.1.6　主/子窗体

在 Access 中，有时需要在一个窗体中显示另一个窗体中的数据。窗体中的窗体称为子窗体，包含子窗体的窗体称为主窗体。使用主/子窗体的作用是：以主窗体的某个字段为依据，在子窗体中显示与此字段相关的记录，而在主窗体中切换记录时，子窗体的内容也会随着切换。因此，两个表之间存在"一对多"的关系时，则可以使用主/子窗体显示两表中的数据。主窗体使用"一"方的表作为数据源，子窗体使用"多"方的表作为数据源。

创建主/子窗体的方法有两种：

(1) 利用"窗体向导"或"快速创建窗体"同时创建主/子窗体。如果一个表中嵌入了子数据表，那么以这个主表作为数据源使用"快速创建窗体"的方法可以迅速创建主/子窗体。操作步骤如下：

① 打开数据库，单击选中导航窗格中已嵌入子数据表的主表。

② 切换到"创建"选项卡，单击"窗体"组中的"窗体"按钮，立即生成主/子窗体，并在布局视图中打开窗体。主窗体中显示主表中的记录，子窗体中显示子表中的记录。

(2) 将数据库中存在的窗体作为子窗体添加到另一个已建窗体中。对于数据库中存在的窗体，如果其数源表之间已建立了"一对多"的关系，就可以将具有"多"端的窗体作为子窗体添加到具有"一"端的主窗体中。将子窗体插入到主窗体中有两种办法：使用"子窗体/子报表"控件或者使用鼠标直接将子窗体拖到主窗体中。

5.1.7 窗体控件

如果要创建满足个性化需求的控件，就需要在设计视图中自行添加使用窗体控件。控件是构成窗体的基本元素，在窗体中对数据的操作都是通过控件实现。其功能包括显示数据、执行操作和装饰窗体。控件分为绑定型、未绑定型和计算型等 3 种类型。

1．绑定型控件

其数据源是表或查询中的字段的控件称为绑定型控件。使用绑定型控件可以显示数据库中字段的值。值可以是文本、日期、数字、是/否值、图片或图形。

2．未绑定型控件

不具有数据源(如字段或表达式)的控件称为未绑定型控件。可以使用未绑定型控件显示信息、图片、线条或矩形。

3．计算型控件

其数据源是表达式(而非字段)的控件称为计算型控件。通过定义表达式来指定要用作控件的数据源的值。表达式可以是运算符、控件名称、字段名称、返回单个值的函数以及常数值的组合。

5.1.8 常用控件概述

1. 标签控件

标签控件用于在窗体、报表中显示一些描述性的文本，如标题或说明等。

标签控件可以分为两种：一种是可以附加到其他类型控件上，和其他控件一起创建组合型控件的标签控件；另一种是利用标签工具创建的独立标签。在组合型控件中，标签的文字内容可以随意更改，但是用于显示字段值的文本框中的内容是不能随意更改的，否则将不能与数据源表中的字段相对应，不能显示正确的数据。

(1) 添加独立标签的操作步骤如下：

① 打开已有窗体或新建一个窗体；

② 在"设计"选项卡下，单击"控件"组中的控件按钮；

③ 在窗体上单击要放置标签的位置，输入内容即可。

(2) 添加附加标签的操作步骤如下：

① 打开已有窗体或新建一个窗体；

② 单击"控件"组中的"标签"按钮；

③ 在窗体上单击要放置标签的位置，将会添加一个包含有附加标签的组合控件。

2. 文本框控件

文本框控件不仅仅用于显示数据，也可以输入或者编辑信息。文本框既可以是绑定型，又可以是未绑定型的，也可以是计算型的。

(1) 绑定型文本框控件主要用于显示表或查询中的信息，输入或修改表中的数据。绑定型文本框可以通过"字段列表"创建，或通过设置"属性表"窗口中的属性创建。在窗体中添加绑定型文本框的操作步骤如下：

① 打开已有窗体或新建一个窗体；

② 单击"设计"选项卡的"工具"组中的"添加现有字段"按钮；

③ 设计视图中显示出当前数据库所有数据表和查询目录，将相关字段拖拽到窗体；

④ 单击"视图"组中的"窗体视图"选项，通过绑定文本框查看或编辑数据。

(2) 在窗体中添加未绑定型文本框的操作步骤如下：

① 单击"设计"选项卡的"控件"组中的"文本框"按钮；

② 创建一个文本框控件，并激活"控件向导"；

③ 进入输入法向导界面设置输入法模式后，确定文本框名称，并保存。

(3) 创建计算型文本框控件操作步骤同创建未绑定型文本框控件，但是要在属性的"数据"选项卡中进行设置。

3. 复选框与选项按钮控件

复选框、选项按钮作为控件，用于显示表或查询中的"是/否"类型的值，选中复选框、选项按钮时，设置为"是"，反之设置为"否"。

4．选项组控件

选项组控件是一个包含复选框或单选按钮或切换按钮的控件，由一个组框架和一组复选框、选项按钮或切换按钮组成。

5．选项卡控件

当窗体中的内容较多时，可以使用选项卡进行分类显示。

6．组合框与列表框控件

在窗体中输入的数据，通常来自数据库的某一个表或查询之中。为保证输入数据的准确性，提高输入效率，可以使用组合框与列表框控件。

列表框控件像下拉式菜单一样在屏幕上显示一列数据。列表框控件一般以选项的形式出现，如果选项较多时，在列表框的右侧会出现滚动条。

7．命令按钮控件

命令按钮主要用来控制程序的流程或执行某个操作。Access 2010 提供了 6 种类型的命令按钮：记录导航、记录操作、报表操作、窗体操作、应用程序和杂项。在窗体设计过程中，既可以使用控件向导创建命令按钮，也可以直接创建命令按钮。

1) 使用控件向导创建命令按钮

在设计视图中打开窗体，切换到"设计"选项卡，确定"控件"组中的"使用控件向导"按钮处在选中状态，单击控件按钮，在窗体中要添加命令按钮的位置单击，添加默认大小的命令按钮，然后在"命令按钮向导"对话框中设置该命令按钮的属性，使其具有相应的功能。

2) 直接创建命令按钮

在设计视图中打开窗体，切换到"设计"选项卡，确定"控件"组中的"使用控件向导"按钮处在未选中状态，单击控件按钮，在窗体中要添加命令按钮的位置单击，添加默认大小的命令按钮，然后设置该命令按钮的属性，并编写事件代码，使其具有相应的功能。由于使用这种方法创建命令按钮会牵扯到宏的创建及 VBA 编程设计，具体的将会在后续章节中介绍。

5.1.9　窗体和控件的属性

在 Access 中，窗体和控件的属性决定了其特性。所以在窗体(控件)设计好后，必须对其属性进行必要的设置。

1．窗体的属性设置

窗体属性的设置，通过"设计"选项卡的"工具"组中的"属性表"打开"属性表"

窗格，而后进行设置。

窗体的属性分为 4 类：格式、数据、事件与其他。

- 格式属性的项目很多，决定窗体的外观设置。窗体的常用格式属性包括标题、默认视图、滚动条、记录选定器、浏览按钮、分割线、自动居中及控制框。
- 数据属性用于控制数据来源。窗体的常用数据属性包括记录源、筛选、排序依据、查询、编辑、允许添加和允许删除。
- 事件属性可以为一个对象发生的事件指定命令，完成指定任务。通过"事件"选项卡可以设置窗体的宏操作或 VBA 程序。
- 其他属性包含控件的名称等属性。

2．控件的属性设置

控件只有经过属性设置以后，才能发挥正常的作用。通常，设置控件属性可以有两种方法：一种是在创建控件时弹出的"控件向导"中设置；另一种就是在控件的"属性表"窗格中设置。属性表设置方法与窗体的属性表设置方法一样。控件的常用属性包括格式属性、数据属性和其他属性。

5.1.10　使用窗体操作数据

窗体作为数据库和用户交互的主要界面，其最主要的作用就是对各种数据进行操作。在窗体中操作数据，一般是在窗体的"窗体视图"中进行的。

5.1.11　窗体和控件的事件与事件过程

事件是指在窗体和控件上进行能够识别的动作而执行的操作。事件过程是指在某事件发生时执行的代码。

1．窗体的事件

窗体的事件可以分为 8 种类型，分别是：鼠标事件、键盘事件、窗口事件、焦点事件、数据事件、打印事件、筛选事件、错误与时间事件。

2．命令按钮的事件

单击命令按钮时，会触发命令按钮的事件，执行其事件过程，达到某个特定操作的目的。

3．文本框的事件

当文本框内接收到内容或光标离开文本框时，会触发相应的事件过程，触发对应的事件。

5.2 上机实验

实验一 创建窗体

【实验目的】

1. 掌握窗体创建的几种常用方法。
2. 掌握使用数据透视表创建窗体的方法。
3. 掌握创建多数据源窗体的方法。

【实验内容】

1. 在"学生管理"数据库中，以"班级"为数据源，通过快速创建窗体，并命名为"班级信息"窗体。

2. 在"学生管理"数据库中，以"授课"为数据源使用"分割窗体"创建窗体，并命名为"授课信息"窗体。

3. 在"学生管理"数据库中，以"教师"表为数据源使用向导创建窗体，并命名为"教师信息"窗体。

4. 在"学生管理"数据库中，以"课程"表为数据源使用设计视图创建窗体，并命名为"课程信息"窗体。

5. 在"学生管理"数据库中以"教师"表为数据源，使用数据透视图创建窗体，根据性别统计教师人数，并命名为"教师信息"窗体。

6. 在"学生管理"数据库中，创建窗体查看成绩大于 90 分的学生。

7. 在"学生管理"数据库中，使用窗体向导创建"学生信息"窗体，要求为数据表式窗体，显示字段信息为：学号、姓名、性别、班级、专业、班主任。

8. 在"学生管理"数据库中，创建窗体查看教师授课信息，显示字段信息为：教师编号、姓名、性别、学历、职称、课程编号、课程名称。

【操作步骤】

1. 通过快速创建窗体，创建"班级信息"窗体

操作步骤如下：

(1) 打开"学生管理"数据库；

(2) 在"导航"窗格选定"班级"表，单击"创建"|"窗体"组中的"窗体"按钮；

(3) 保存窗体。

2. 使用"分割窗体"创建窗体，创建"授课信息"窗体

操作步骤如下：

(1) 打开"学生管理"数据库；

(2) 在"导航"窗格选定"授课"表，单击"创建"|"窗体"组中的"其他窗体"按钮，选中"多个项目"；

(3) 保存窗体。

3. 使用向导创建窗体，创建"教师信息"窗体

操作步骤如下：

(1) 打开"学生管理"数据库；

(2) 在"导航"窗格选定"教师"表，单击"创建"|"窗体"组中的"窗体向导"按钮；

(3) 在弹出的对话框中选择字段及窗体布局；

(4) 保存窗体。

4. 使用设计视图创建"课程信息"窗体

操作步骤如下：

(1) 打开"学生管理"数据库，单击"创建"|"窗体"组中的"窗体设计"按钮，进入窗体设计视图；

(2) 选择课程表为数据源；

(3) 根据图 5-1 所示添加相应的控件，并设置属性；

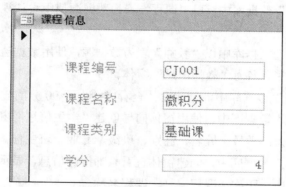

图 5-1　"课程信息"窗体

(4) 调整控件布局；

(5) 最后保存窗体。

5. 使用数据透视图创建 "教师信息"窗体

操作步骤如下：

(1) 打开"学生管理"数据库，在"导航"窗格选定"教师"表，单击"创建"|"窗体"组中的"其他窗体"按钮，选中"数据透视图"选项；

(2) 将图表字段列表中的性别字段拖动至坐标横轴，教师编号字段拖动至坐标纵轴；

(3) 创建窗体并保存。

6. 创建窗体查看成绩大于 90 分的学生

操作步骤如下:

(1) 打开"学生管理"数据库,单击"创建"|"窗体"组中的"窗体设计"按钮,进入窗体设计视图;

(2) 单击"创建"|"查询"组中的"查询设计"按钮,根据图 5-2 创建查询;

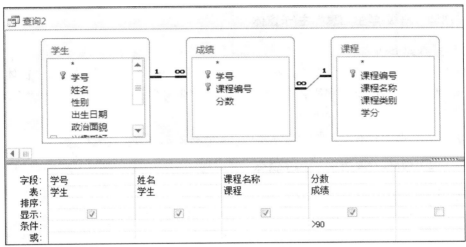

图 5-2 查询设计视图

(3) 打开窗体设计视图,以第(2)步的查询为数据源创建窗体,并保存。

7. 用窗体向导创建"学生信息"窗体

操作步骤如下:

(1) 在"学生管理"数据库中,使用窗体想到确定数据源为"学生"表和"班级"表;

(2) 根据要求,分别在"学生"表和"班级"表中选择所要求的字段;

(3) 创建数据表式窗体并保存。

8. 创建窗体查看教师授课信息

操作步骤略。

实验二 创建主/子窗体

【实验目的】

掌握主/子窗体的创建方法。

【实验内容】

1. 在"学生管理"数据库中创建一个主/子窗体,命名为"班级-学生信息",主窗体显示"班级"表的全部信息,子窗体显示"学生"表中的"学号""姓名""性别""政治面貌"字段。

2. 在"学生管理"数据库中，以"教师"表为数据源创建"教师信息"窗体作为主窗体，以"授课"表为数据源创建"授课信息"窗体作为子窗体，创建"教师-授课信息"主/子窗体。

【操作步骤】

1. 创建"班级-学生信息"主/子窗体

操作步骤如下：

(1) 打开"学生管理"数据库，在"创建"选项卡的"窗体"组中单击"窗体向导"按钮，将"班级"表中所有字段和"学生"表中的"学号""姓名""性别""政治面貌"字段添加到"选定字段"列表框中。

(2) 设置数据的查看方式和子窗体布局，设置标题后保存。

2. 创建"教师-授课信息"主/子窗体

操作步骤如下：

(1) 在"学生管理"数据库中，以"授课"表为数据源，创建数据表式窗体，命名为"授课信息"，调整控件布局。

(2) 以"教师"表为数据源，使用"窗体向导"创建纵栏表式窗体，命名为"教师信息"，并在设计视图中打开窗体，调整控件布局。

(3) 在设计视图下，"控件"组中的"使用控件向导"按钮处在选中状态，单击"子窗体/子报表"控件按钮，再单击窗体中要放置子窗体的位置，选择用于子窗体或子报表的数据来源。

实验三　控件的使用及属性设置

【实验目的】

1. 熟练掌握控件的使用。

2. 熟练掌握窗体和控件常用属性的设置。

【实验内容】

1. 在"学生管理"数据库中，创建一个"教师"窗体，窗体视图如图 5-3 所示。

2. 在"学生管理"数据库中，以"学生表"和"班级"表为数据源创建"学生"窗体，窗体视图如图 5-4 所示。

3. 在"学生管理"数据库中，以"教师"表为数据源创建一个选项卡窗体，一页显示教师的基本信息，一页显示教师的授课信息。

图 5-3 "教师"窗体

图 5-4 "学生"窗体

【操作步骤】

1. 创建"教师"窗体

操作步骤如下:

(1) 在"学生管理"数据库中打开窗体设计视图,并将"教师"表设为数据源。

(2) 将相应字段拖动至主体节中。

(3) 设置控件的属性,调整布局并保存。

2. 创建"学生"窗体

操作步骤如下:

(1) 在"学生管理"数据库中打开窗体设计视图,以"学生"表和"班级"表为数据源。

(2) 在字段列表中,将"学生"表的学号、姓名、出生日期、照片字段拖动至主体节中。

(3) 利用组合框控件向导添加两个组合框控件,绑定"性别"字段和"政治面貌"字段。

(4) 添加一个组合框控件绑定至"班级"表中的"班级编号"字段,设置组合框控件附加标签控件标题属性为班级编号;切换"属性表"窗格,在"数据"选项卡下,设置组合框来源为班级编号,设置行来源类型为表/查询,行来源属性为"select 班级.班级编号,班级.班级名称,班级.人数,班级.班主任 from 班级",并对行高和列宽进行设置。

(5) 在窗体页脚中,使用命令按钮添加导航按钮。

(6) 调整整体的控件布局,保存窗体。

3. 创建选项卡窗体

操作步骤略。

5.3　习　　题

5.3.1　选择题

1. 关于窗体的作用，以下观点正确的是(　　)。

A. 窗体可以直接存储数据　　　　　　B. 窗体不可以直接存储数据

C. 窗体只能显示数据库中的数据　　　D. 以上都对

2. Access 的窗体由多个部分组成，每个部分称为一个(　　)。

A. 节　　　　　B. 页　　　　　C. 子窗体　　　　　D. 控件

3. 窗体设计视图中必须包含的是(　　)。

A. 窗体页眉　　　B. 页面页眉　　　C. 主体　　　　　D. 以上都包括

4. 以下不属于窗体的基本功能的是(　　)。

A. 数据操作　　B. 信息显示和打印　C. 控制应用程序流程　D. 存储数据

5. 窗体的数据源可以是(　　)。

A. 表　　　　　B. 查询　　　　　C. 表或查询　　　　D. 以上都不是

6. 窗体的控件分为 3 种类型，分别是(　　)。

A. 绑定型　　　B. 未绑定型　　　C. 计算型　　　　D. 以上三项都是

7. 用于输入、输出和显示数据源的数据，显示计算结果和接受用户输入数据的控件是(　　)。

A. 文本框　　　B. 标签　　　　　C. 附件　　　　　D. 图像

8. 是/否字段类型可以选用的控件是(　　)。

A. 列表框　　　B. 组合框　　　　C. 复选框　　　　D. 选项卡

9. 关于控件的功能，以下不对的是(　　)。

A. 显示数据　　B. 执行操作　　　C. 装饰窗体　　　D. 存储数据

10. 两个表之间存在(　　)关系时，可以使用主/子窗体显示两表中的数据。

A. 一对一　　　B. 一对多　　　　C. 多对多　　　　D. 任意

11. 需要将复选框、选择按钮或切换按钮搭配使用，显示一组可选值时可以使用的控件是(　　)。

A. 组合框　　　B. 列表框　　　　C. 选项卡　　　　D. 选项组

12. 数据源是表达式(而非字段)的控件类型是(　　)。

A. 绑定型　　　B. 未绑定型　　　C. 计算型　　　　D. 以上都是

13．标签控件的作用是( )。

A．显示说明文本

B．输入、输出和显示数据源的数据

C．显示可滚动的数值列表

D．使窗体或报表上在分页符所在的位置开始新页

14．当窗体内容较多，无法在一页中完全显示时，可以使用的控件是( )。

A．选项组 B．选项卡 C．组合框 D．列表框

15．窗体上选择多个不相邻的控件，可以配合使用键盘上的( )按键。

A．Shift B．Alt C．Ctrl D．F1

16．窗体上选择所有控件，用到的组合键是( )。

A．Shift+A B．Alt+A C．Ctrl+A D．Ctrl+Shift+A

17．对窗体进行命名，可以在窗体的( )属性中进行修改。

A．其他 B．事件 C．数据 D．格式

18．窗体的事件可以分为( )种类型。

A．5 B．6 C．7 D．8

19．( )是指在窗体和控件上进行能够识别的动作而执行的操作。

A．事件 B．事件过程 C．过程 D．宏

20．在窗体上，输入相关数据后，单击保存或按( )组合键就可以将输入的新记录保存在数据源中。

A．Ctrl+Enter B．Shift+Enter C．Alt+Enter D．Ctrl+Shift

21．用于创建窗体或修改窗体的窗口是窗体的( )。

A．设计视图 B．窗体视图

C．数据表视图 D．数据透视表视图

22．要为一个表创建一个窗体，并尽可能多地在窗体中浏览记录，那么适宜创建的窗体是( )。

A．纵栏式窗体 B．表格式窗体

C．主/子窗体 D．数据透视表窗体

23．以下不属于窗口事件的是( )。

A．Open B．Close C．Click D．Load

24．纵栏式窗体在窗体界面中每次只显示表或查询中的记录条数为( )。

A．一条 B．两条 C．三条 D．多条

25．窗体的( )属性可以决定窗体的外观设置。

A．其他 B．事件 C．数据 D．格式

26．下列不属于窗体的数据属性的是( )。

A．记录源 B．筛选 C．记录选定器 D．排序依据

27．以下( )控件可以在窗体或报表上显示 OLE 对象。

A．绑定对象框 B．附件 C．未绑定对象框 D．超链接

28. Access 2010 中的命令按钮有( )种类型。

A. 2　　　　　　　B. 4　　　　　　　C. 6　　　　　　　D. 8

29. 设计视图是用于创建窗体或( )窗体的视图。

A. 修改　　　　　　B. 添加　　　　　　C. 删除　　　　　　D. 复制

30. 通过窗体对数据进行的操作是( )。

A. 添加　　　　　　B. 删除　　　　　　C. 查找　　　　　　D. 以上都是

31. 关于窗体的描述，以下不正确的是( )。

A. 窗体可以用于显示表中的数据，并进行操作

B. 窗体由多个部分组成，每一部分称为一个"节"

C. 窗体以二维表的形式存储、显示数据

D. 窗体常用的视图包括设计视图和窗体视图

32. 关于窗体的描述，以下错误的是( )。

A. 窗体不可以储存数据，但可以用于显示表中数据

B. 在窗体设计视图中，可以调整控件的位置

C. 窗体不存储数据，数据保存在数据表之中

D. 未绑定型控件一般与数据表中的字段相连，字段就是该控件的数据源

33. 关于控件的描述，错误的是( )。

A. 控件是窗体上用于显示数据、执行操作的对象

B. 控件的类型只有计算型和非计算型两种

C. 未绑定型控件没有数据源

D. 窗体上添加的每一个对象都是控件

34. 以下关于列表框和组合框的叙述正确的是( )。

A. 在组合框中可以输入新值，而列表框不可以

B. 列表框和组合框都可以输入新值

C. 列表框和组合框都不可以输入新值

D. 在列表框中可以输入新值，而组合框不可以

35. 显示具有( )关系的表中的数据时，子窗体非常有效。

A. 1∶1　　　　　　B. m∶n　　　　　　C. 1∶n　　　　　　D. 以上均可

36. 使用( )控件，可以将切换按钮和复选框组合起来使用。

A. 选项组　　　　　B. 组合框　　　　　C. 复选框　　　　　D. 文本框

37. 设置控件为不可见属性的是( )。

A. color　　　　　　B. caption　　　　　C. enable　　　　　D. visible

38. 确定一个空间在窗体的位置的属性是( )。

A. top　　　　　　　B. left　　　　　　　C. 二者都是　　　　D. 二者都不是

39. 选项组控件不包括( )。

A. 复选框　　　　　B. 组合框　　　　　C. 切换按钮　　　　D. 选项按钮

40．在计算型控件中，必须在每个表达式之前都要加上(　　)。

A．=　　　　　　　　　B．!　　　　　　　　C．#　　　　　　　　D．?

41．(　　)控件可以接收数据。

A．文本框　　　　　　B．标签　　　　　　C．图形　　　　　　D．以上均可

42．为确保文本框中输入文本时只显示"*"，应当设置的属性是(　　)。

A．默认值　　　　　　B．输入掩码　　　　C．密码　　　　　　D．标题

43．以下不属于窗口事件的是(　　)。

A．打开　　　　　　　B．加载　　　　　　C．取消　　　　　　D．关闭

44．以下(　　)属性属于窗体的"数据"类型。

A．获得焦点　　　　　B．自动居中　　　　C．记录选择器　　　D．记录源

45．以下(　　)属于窗体的"数据"属性。

A．允许添加　　　　　B．排序依据　　　　C．记录源　　　　　D．以上都是

46．以下(　　)属于文本框的"事件"属性。

A．单击　　　　　　　B．退出　　　　　　C．更新前　　　　　D．以上都是

47．窗体的"格式"属性中不包括(　　)。

A．标题　　　　　　　B．记录源　　　　　C．滚动条　　　　　D．分割线

48．设置窗体的标题，用到的属性为(　　)。

A．caption　　　　　　B．text　　　　　　C．name　　　　　　D．以上均可

49．能够输出图片的窗体控件是(　　)。

A．图像　　　　　　　B．绑定对象框　　　C．未绑定对象框　　D．以上都是

50．文本框的空间来源属性为(　　)时，可以显示当前的日期和时间。

A．=time()　　　　　　B．=date()　　　　　C．=now()　　　　　D．以上均可

5.3.2　填空题

1．窗体的设计视图中主要包含 3 类对象，分别是_____、_____、_____。

2．窗体的基本功能为：_____、_____、_____。

3．_____是用于创建一种具有两种布局形式的窗体。

4．通过 Access 的"属性表"窗格，可以对_____、_____、_____的属性进行设置。

5．在主/子窗体中，主窗体使用_____方的表作为数据源，子窗体使用_____方的表作为数据源。

6．一个主窗体最多只能包含_____子窗体。

7．控件的功能包括_____、_____、_____。

8．窗体的_____决定了窗体的结构、外观以及窗体的数据源。

9．窗体的"属性表"窗格中有_____、_____、_____、_____选项卡。

10．窗体的数据来源主要是_____和_____。

5.3.3　简答题

1．常见的窗体类型有哪些？

2．窗体由几部分组成？并说明每一组成部分的作用。

3．Access 2010 中为窗体提供了几种视图？各具有什么作用？

4．窗体控件分为哪几类？各有什么特点？

5．如何为窗体设定数据源？

6．简述窗体的事件类型。

第6章 报　　表

6.1　知识要点

6.1.1　报表的作用及类型

1．报表概述

报表和窗体都可以显示数据，只是窗体把数据显示在窗口，而报表是把数据打印在纸张上，并且窗体中的数据既可以查看、修改。报表只能查看数据，不能修改和输入数据。具体地说，报表主要有以下基本功能：显示和打印数据；对数据进行分组、排序、汇总和计算；可以含有子报表和图表数据，增强数据的可读性；可按分组生成数据清单，输出标签报表等。

在 Access 2010 中，报表是按节来设计的，并且只有在设计视图中才能查看报表的各个节，一个完整报表有 7 部分组成，分别是：报表页眉、页面页眉、分组页眉、主体、分组页脚、页面页脚和报表页脚。

2．报表类型

Access 2010 提供了 3 种主要类型的报表，分别是表格式报表、纵栏式报表和标签报表。

1) 表格式报表

表格式报表是以行和列显示数据的报表。表格式报表的字段名称不在主体节内显示，而是放在页面页眉节中。报表输出时，各字段名称只出现在报表每页的上方。

2) 纵栏式报表

纵栏式报表又称为窗体式报表，通常用垂直的方式在每页上显示一个或多个记录。纵栏式报表像数据输入窗体一样可以显示许多数据。

3) 标签报表

标签报表是一种特殊类型的报表，能将数据以标签形式输出，主要用于制作物品标签、客户标签等，方便邮寄和使用。

3. 报表的视图

Access 2010 提供的报表视图有 4 种：报表视图、打印预览视图、布局视图和设计视图。通过切换到"开始"选项卡，单击"视图"选项组中的"视图"按钮，在下拉列表中选择相应的选项，就可在 4 种视图之间进行切换。也可以通过快捷菜单或者单击 Access 2010 状态栏右侧的"快速切换视图"按钮，实现视图切换。

6.1.2　创建报表

Access 2010 在"创建"选项卡上的"报表"组中提供了创建报表的按钮，可以使用报表、报表设计、空报表、报表向导和标签方法来设计报表。

1. 使用"报表"按钮创建

Access 2010 提供了一种快速创建报表的方法。先选中一个作为数据源的表或查询，然后切换到"创建"选项卡，再单击"报表"组中的"报表"按钮，即可生成一个报表，而不提示任何信息，并以布局视图直接打开该报表。

2. 使用报表向导创建

与使用"报表"按钮直接生成报表不同，使用报表向导是以交互式的方法创建报表，显示一个多步骤向导，允许用户指定字段、分组/排序级别和布局选项。该向导将基于用户所做的选择创建报表。

3. 使用报表设计视图创建

虽然使用报表按钮和报表向导的方式可以方便、迅速地完成新报表的创建任务，但却缺乏主动性和灵活性，它的许多参数都是系统自动设置的，这样的报表有时候在某种程度上很难完全满足用户的要求。使用"报表设计"视图可以更灵活地创建报表。不仅可以按用户的需求设计所需要的报表，而且可以对上面两种方式创建的报表进行修改，使其更大程度地满足用户的需求。

使用报表设计视图创建报表的一般操作步骤如下：

(1) 打开报表设计视图；

(2) 为报表添加数据源；

(3) 向报表中添加控件；

(4) 调整控件布局；

(5) 设置报表和控件的属性；

(6) 保存报表，预览效果。

4．创建标签报表

标签报表具有很强的实用性。例如，图书管理标签，可以粘贴在图书扉页上作为图书编号；物品管理标签，可以粘贴在产品或设备上进行分类。Access 2010 在报表向导中有一种向导是专门为标签报表而设计的。

5．创建空报表

单击"报表"组中的"空报表"按钮，将在布局视图中打开一个空报表，并显示出字段列表任务窗格。如图 6-27 所示。当字段从字段列表拖到报表中时，Access 2010 将创建一个嵌入式查询并将其存储在报表的记录源属性中。利用"报表布局工具"栏下各选项卡中的工具调整报表的布局，设置报表属性，即可通过空白报表创建一张满足要求的报表。

6.1.3 报表的高级设计

在实际工作中，需要对设计好的报表进行格式外观的进一步设计，以达到美观实用的目的，另外由于对数据的特定要求，比如排序、分组和统计计算等等，要对报表进行高级设计，本小节将介绍这些内容。

1．报表的编辑

在报表设计视图中可以对已经创建的报表进行编辑和修改，可以设置报表的格式，在报表中添加背景图片、日期和时间以及页码等，使报表显得更为美观。

1) 应用主题、颜色和字体设置

可以在 Access 2010 数据库中应用 Office 2010 主题，为所有 Office 文档创建一致的风格。

2) 添加图像

可以在报表的任何位置，如页眉、页脚和主体节添加图像。

3) 添加背景图像

可以通过指定图片作为报表的背景图案来美化报表。

4) 插入页码、徽标、标题及日期和时间

Access 2010 中在报表中添加页码、徽标、标题及日期和时间，有专门的控件来完成这些操作。

2．记录的排序

在实际应用中，经常要求报表显示的记录按照某个指定的顺序排列，例如按照学生年龄从小到大排列等。使用报表向导或设计视图都可以设置记录排序。通过报表向导最多可以设置 4 个排序字段，并且排序只能是字段，不能是表达式。在设计视图中，最多可以设置 10 个字段或字段表达式进行排序。

在报表中添加排序的最快方法是在布局视图中打开需要排序的报表，然后右键单击要对其应用排序的字段，然后单击快捷菜单上的"升序降序"命令。

在布局视图或设计视图中打开报表时，还可以使用"分组、排序和汇总"窗格来添加排序。方法是单击"分组、排序和汇总"窗格中的"添加排序"按钮，选择在其上执行排序的字段。在排序行上单击"更多"按钮，以设置更多选项。

3．记录的分组和汇总

在实际工作中，经常需要对数据进行分组、汇总。分组是将报表中具有共同特征的相关记录排列在一起，并且可以为同组记录进行汇总统计。使用 Access 2010 提供的分组功能，可以对报表中的记录进行分组，对报表的记录进行分组时，可以按照一个字段进行，也可以对多个字段分别进行。

1) 记录的分组

分组有两种操作方法：

方法一是在报表布局视图中打开需要分组的报表，右键单击要对其应用分组、汇总的字段，然后单击快捷菜单上的分组形式和汇总选项。这是添加分组的最快方法。

方法二是在布局视图或设计视图中打开需要分组的报表，在"分组、排序和汇总"窗格中单击"添加组"按钮，选择要在其上执行分组、汇总的字段。在分组行上单击"更多"按钮，以设置更多选项和添加汇总。

2) 汇总计算

报表中的汇总计算可以通过以下途径来完成：

(1) 通过快捷菜单命令操作。在布局视图中打开已创建的报表，右键单击要汇总的字段，从弹出的快捷菜单中选择"汇总"列表中的计算类型。如"求和"、"平均值"、"记录计数"(即统计所有记录的数目)、"值计数"(只统计此字段中有值的记录的数目)、"最大值"、"最小值"、"标准偏差"和"方差"等。

(2) 在布局视图中打开已创建的报表，选定要汇总的字段，切换到"设计"选项卡，单击"分组和汇总"选项组中的"合计"按钮，在下拉列表中选择计算类型。

(3) 报表记录分组之后，在"分组、排序和汇总"窗格中展开更多分组选项，在"汇总"选项下拉列表中设置汇总方式、汇总类型和汇总值显示位置等。

4．添加计算控件实现计算

除了可以进行汇总计算外，在报表的设计过程中，还可以根据具体需要进行各种类型统计计算并输出显示或打印。操作方法就是在报表中添加计算控件，并设置其"控件来源"属性。文本框控件是报表中最常用的计算控件，"控件来源"属性中输入计算表达式，当表达式的值发生变化时，会重新计算并输出结果。

在 Access 中，利用计算控件进行统计计算并输出结果的操作主要有两种形式：主体节内添加计算控件和组页眉/组页脚节或报表页眉/报表页脚节内添加计算控件。

1) 在主体节内添加计算控件

在主体节内添加计算控件，对记录的若干字段进行求和或求平均值，只要设置计算控件的"控件来源"为相应字段的运算表达式即可。

2) 在组页眉/组页脚或报表页眉/报表页脚节内添加计算控件

在组页眉/组页脚内或报表页眉/报表页脚内添加计算控件,对记录的若干字段求和或进行统计计算,一般是指对报表字段列的纵向记录数据进行统计。可以使用 Access 提供的聚集函数完成相应计算操作。

5.多列报表

通常设计的报表只有一列,在实际应用中,有的报表往往由多列信息组成。打印多列报表时,报表页眉、报表页脚、页面页眉和页面页脚将占满报表整个宽度,而多列报表的组页眉、组页脚和主体节将占满整个列的宽度。

多列报表的创建是基于一个普通报表,通过页面设置将普通报表设置为多列报表,并在设计视图中进一步修改,确保报表的正确打印。

6.子报表

和创建主/子窗体一样,报表对象中也可以嵌入子报表。但是,报表中添加的子报表只能在"打印预览"视图中预览,也无法像窗体中的子窗体那样进行编辑。因此,添加的子报表不能和主报表产生互动关系。

子报表是指插入到其他报表中的报表。在合并两个报表时,一个报表作为主报表,另一个就成为子报表。主报表有两种,即绑定的和非绑定的。绑定的主报表基于数据表、查询或 SQL 语句等数据源。非绑定的主报表不基于这些数据源,可以作为容纳要合并的子报表的容器。主报表可以包含多个子报表。在子报表中,还可以包含子报表。一个主报表最多只能包含两级子报表。

一般而言,各种创建主/子窗体的方法都可以应用于创建主/子报表。因此,创建子报表的方法主要有两种:在已有的报表中创建子报表;或将一个报表添加到另一个报表中创建子报表。创建子报表时,必须先确定主报表和子报表之间已经建立了正确的联系,从而保证子报表与主报表中显示记录的一致性。Access 2010 会自动查找名称和数据类型相同的两个字段建立关系,如果找不到相关联的字段,必须自行加以设置。

7.导出报表

Access 2010 报表可以导出为多种格式,如 Excel 文件、文本文件、XML 文件、PDF 文件、电子邮件、Word 文档和 Html 文档等等。

6.1.4 报表的预览打印

创建报表后,可以在打印之前利用 Access 2010 提供的打印预览视图提前观察打印效果。如果报表存在问题,可以在打印之前返回设计视图或布局视图及时修改,然后再切换至打印预览视图中检查。

1．打印预览

在设计视图中，切换到"设计"选项卡，单击"视图"组中的"视图"按钮，在下拉列表中选择"打印预览"，或者单击 Access 2010 状态栏右侧的"快速切换视图"按钮 🔲，切换至打印预览视图。由"打印""页面布局""显示比例""数据"和"关闭预览"5个组构成"打印预览"选项卡。

2．页面设置和打印

单击"打印预览"选项卡中"页面布局"组中的"页面设置"按钮，可以对报表页面布局中的各项内容进行设置。

完成页面设置以后，单击"打印"按钮，打开"打印"对话框进行设置，单击"确定"按钮，开始打印。也可以单击"打印"对话框中的"设置"按钮，打开"页面设置"对话框，重新设置页面布局后再打印。

6.2　上机实验

实验一　报表的创建

【实验目的】

掌握 Access 2010 报表的创建方法。

【实验内容】

1．在"学生管理"数据库中，以"教师"表为数据源，使用快速创建报表的方法创建"教师基本信息"报表。

2．在"学生管理"数据库中，以"教师"表、"课程"表和"授课"表为数据源，使用报表向导创建"教师授课信息"报表，显示"教师编号""姓名""课程名称"和"学时"字段的信息。

3．在"学生管理"数据库中，使用设计视图创建"班级信息表"报表。

【操作步骤】

1．使用快速创建报表的方法创建"教师基本信息"

操作步骤如下：

(1) 在"教学管理"数据库导航窗格中，选定"教师"表作为数据源；

(2) 切换到"创建"选项卡，单击"报表"组中的"报表"按钮；

(3) 系统将自动创建报表，并在"布局视图"中显示，如图 6-1 所示；

图 6-1　"教师基本信息"报表

(4) 单击快速访问工具栏上的"保存"按钮 ![保存图标]，弹出"另存为"对话框，输入报表名称"教师基本信息"，单击"确定"按钮保存报表，切换到打印预览视图中查看。

2. 使用报表向导创建"教师授课信息"

操作步骤如下：

(1) 打开"学生管理"数据库，切换到"创建"选项卡，单击"报表"组中的"报表向导"按钮。

(2) 进入"报表向导"对话框一，选择报表要显示的字段。首先从"表/查询"下拉列表中选择一个数据源表或查询，然后从"可用字段"列表中选择要显示的字段添加到"选定字段"列表中。这里依次选择"教师"表中的"教师编号"和"姓名"字段，"课程"表中的"课程名称"字段，"授课"表中的"学时"字段。

(3) 单击"下一步"按钮，进入"报表向导"对话框二，确定查看数据的方式。这里保留默认设置，即选择"通过教师"。

(4) 单击"下一步"按钮，进入"报表向导"对话框三，指定分组级别。选择左边列表框中的字段，单击按钮 ＞ 即可，这里保留默认设置。

(5) 单击"下一步"按钮，进入"报表向导"对话框四，指定记录的排序次序和汇总信息。这里选择"课程名称"字段"升序"排列。如果报表需要分组显示计算的汇总值，可单击"汇总选项"按钮，在弹出的"汇总选项"对话框中选择需要计算的汇总值。

(6) 单击"下一步"按钮，进入"报表向导"对话框五，确定报表的布局方式。这里保留默认设置，即布局选择"递阶"，方向选择"纵向"。

(7) 单击"下一步"按钮，进入"报表向导"对话框六，设置报表的标题名称。这里输入"教师授课信息"。

(8) 单击"完成"按钮，在打印预览视图中打开报表，如图 6-2 所示。

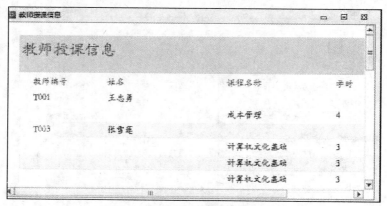

图 6-2 "教师授课信息"报表

3. 使用设计视图创建"班级信息表"

操作步骤如下：

(1) 打开"学生管理"数据库，切换到"创建"选项卡，单击"报表"组中的"报表设计"按钮，打开报表设计视图。

(2) 单击"报表选择器"，切换到"设计"选项卡，单击"工具"组中的"属性表"按钮，打开报表"属性表"窗口。切换到属性表"数据"选项卡，单击"记录源"属性右侧按钮 ，在下拉列表中选择已有的表或查询作为报表的数据源，也可以单击按钮 ，在打开的"查询生成器"窗口中创建新的查询作为报表的数据源。这里我们选择"班级"表为数据源。

(3) 右键单击设计视图中的网格区域，在快捷菜单中选择"报表页眉/页脚"选项，添加报表页眉/页脚节。

(4) 切换到"设计"选项卡，单击"控件"组中的"标签"按钮，在"报表页眉"节中单击，添加一个"标签"控件，输入标题属性为"班级信息表"，字体名称为"宋体"，字号为"20"，字体粗细为"加粗"。

(5) 双击"控件"组中的"标签"选项，锁定"标签"控件，向"页面页眉"中依次添加 4 个标签控件，其"标题"属性分别输入"班级编号""班级名称""人数""班主任"，字体名称为"宋体"，字号为"11"，字体粗细为"加粗"。

(6) 单击"工具"组中的"添加现有字段"按钮，打开"字段列表"。将"班级编号""班级名称""人数""班主任"4 个字段拖放到主体节中，并删除每个字段文本框的附加标签。

(7) 调整控件布局，设置报表及控件的属性。

(8) 切换至打印预览视图查看设计效果，如图 6-3 所示，保存"班级信息表"报表。

图 6-3 "班级信息表"报表

实验二 报表的排序、分组与计算

【实验目的】

掌握 Access 2010 报表中排序、分组和计算的方法。

【实验内容】

在"学生管理"数据库中，使用设计视图创建"学生成绩表"报表。用于输出每个学生的各门课程的成绩信息，包括学号、姓名、课程名称、成绩字段，并计算每个学生的平均成绩和总成绩。

【操作步骤】

操作步骤如下：

(1) 以"学生"表、"课程"表和"成绩"表为数据源，创建包含"学号""姓名""课程名称""成绩"的字段的查询，保存为"学生成绩查询"。

(2) 以"学生成绩查询"为数据源，在设计视图中创建"学生成绩表"报表。

(3) 按"学号"进行分组，并且显示学号页脚。

(4) 在学号页眉中显示学号和姓名字段。

(5) 在主体节中显示课程名称和分数。

(6) 在"学号页脚"节中添加两个文本框控件。其标题属性分别为"平均分"和"总分"，分别设置其"控件来源"属性为"=Avg([分数])"和"=Sum([分数])"，其设计视图如图 6-4 所示。

(7) 在布局视图中调整控件布局。

(8) 保存报表，报表名称为"学生成绩表"。

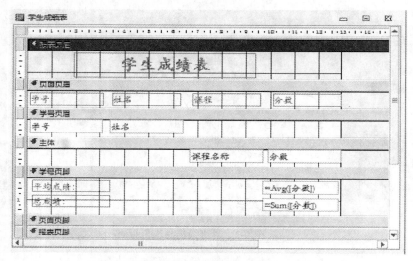

图 6-4　"学生成绩表"控件设计视图

实验三　创建高级报表

【实验目的】

1. 掌握 Access 2010 报表中的主/子报表用法。
2. 掌握 Access 2010 报表中创建多列报表的方法。

【实验内容】

1. 在"学生管理"数据库中,以"成绩"表为数据源创建"学生成绩"报表作为主报表,以"不及格成绩"报表作为子报表,创建主/子报表"学生成绩单"报表。
2. 在"学生管理"数据库中,以"成绩"表为数据源创建"成绩多列"报表。

【操作步骤】

1. 创建主/子报表"学生成绩单"

操作步骤如下:

(1) 在"学生管理"数据库中,以"成绩"表为数据源,使用快速创建报表方式生成"学生成绩"报表。

(2) 在"学生管理"数据库中,利用查询设计器,生成不及格成绩查询(以成绩表为数据源,选择学号,课程编号,分数,在分数条件栏中输入"<60")。

(3) 以"不及格成绩"查询为数据源,使用报表向导生成报表"不及格成绩子报表",如图 6-5 所示。

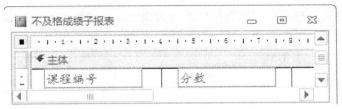

图 6-5 "不及格成绩子报表"设计视图

(4) 在设计视图中打开"学生成绩表"报表作为主报表,并按"学号"进行分组,显示学号页脚。

(5) 切换到"设计"选项卡,确定"控件"选项组中的"控件向导"按钮处在选中状态。单击"控件"选项组中的"子窗体/子报表"选项,在学号页脚的适当位置上画出"子报表"控件,并启动"子报表向导"。

(6) 在"子报表向导"对话框中,选择"使用现有的报表和窗体",并且选择"不及格成绩子报表"作为数据来源。

(7) 在"子报表向导"对话框中输入"不及格成绩"作为组合报表中子报表的标题,并单击"完成"按钮。此时"学生成绩单报表"的设计视图如图 6-6 所示。

(8) 单击"完成"按钮,调整子报表控件的布局。

(9) 保存报表,另存为"学生成绩单报表"。

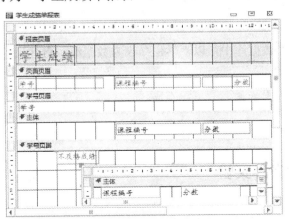

图 6-6 "学生成绩单报表"设计视图

2. 创建"成绩多列"报表

操作步骤如下:

(1) 在"学生管理"数据库中,以"成绩"表为数据源,使用快速创建报表方式生成"成绩表"报表,并依次调整"学号""课程编号""分数"的列宽,其结果如图 6-7 所示。

(2) 切换到"页面设置"选项卡,单击"页面布局"选项组中的"页面设置"按钮,打开"页面设置"对话框,切换至"列"选项卡。

(3) 将"网格设置"中的"列数"改为 3,将行间距设为 0,"列间距"为 0.6 厘米。

(4) 设置"列尺寸"中的"宽度"为 8 厘米,"高度"不变,"列布局"选项为默认。

(5) 切换至“页”选项卡，设置打印方向为横向，纸张类型等为默认。

(6) 单击“确定”按钮完成设置，在打印预览视图中预览报表，如图 6-7 所示。

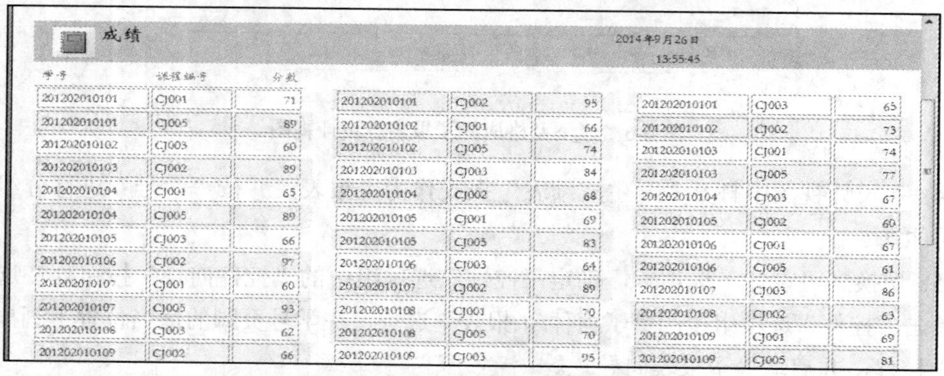
成绩　　2014年9月26日
13:55:45

学号	课程编号	分数						
201202010101	CJ001	71	201202010101	CJ002	95	201202010101	CJ003	65
201202010101	CJ005	89	201202010102	CJ001	66	201202010102	CJ002	73
201202010102	CJ003	60	201202010102	CJ005	74	201202010103	CJ001	74
201202010103	CJ002	89	201202010103	CJ003	84	201202010103	CJ005	77
201202010104	CJ001	65	201202010104	CJ002	68	201202010104	CJ003	67
201202010104	CJ005	89	201202010105	CJ001	69	201202010105	CJ002	60
201202010105	CJ003	66	201202010105	CJ005	83	201202010106	CJ001	67
201202010106	CJ002	97	201202010106	CJ003	64	201202010106	CJ005	61
201202010107	CJ001	60	201202010107	CJ002	89	201202010107	CJ003	86
201202010107	CJ005	93	201202010108	CJ001	70	201202010108	CJ002	63
201202010108	CJ003	62	201202010108	CJ005	70	201202010109	CJ001	69
201202010109	CJ002	66	201202010109	CJ003	95	201202010109	CJ005	81

图 6-7　打印预览视图中预览报表

实验四　创建标签报表

【实验目的】

掌握 Access 2010 创建标签报表的方法。

【实验内容】

在“学生管理”数据库中，以“学生”表为数据源，自行设计“学生标签”，格式及内容自定。

【操作步骤】

略。

实验五　报表综合实验

【实验目的】

提高用 Access 2010 制作报表的能力。

【实验内容】

创建报表“X 班成绩统计表”，要求如下。

(1) 包括：学号、姓名、性别、各科成绩、总分、平均分；

(2) 按性别分组。求出男女生各科最高分；

(3) 报表页眉。“X 班成绩统计表”用 24 号加粗楷书，居中对齐，左边加标志图案；

(4) 页面页脚。制表人：XXX(你的姓名)，日期，页码；

(5) 使用条件格式，用红色标出各科不及格的分数；

(6) 报表页脚。加函数计算出总人数，用红色加粗。

【操作步骤】

略。

6.3 习 题

6.3.1 选择题

1. 报表页眉的作用是( )。

A. 用于显示报表的标题、图形或说明性文字

B. 用来显示整个报表的汇总说明

C. 用来显示报表中的字段名称或对记录的分组名称

D. 打印表或查询中的记录数据

2. 预览主/子报表时，子报表页面页眉中的标签( )。

A. 每页都显示一次 　　　　　　　　　B. 每个子报表只在第一页显示一次

C. 每个子报表每页都显示 　　　　　　D. 不显示

3. 用于显示整个报表的计算汇总或其他的统计数字信息的是( )。

A. 报表页脚节 　　　B. 页面页脚页 　　　C. 主体节 　　　D. 页面页眉节

4. 如果将报表属性的"页面页眉"属性项设置成"报表页眉不要"，则打印预览时( )。

A. 不显示报表页眉 　　　　　　　　　B. 不显示报表页眉，替换为页面页眉

C. 不显示页面页眉 　　　　　　　　　D. 在报表页眉所在页不显示页面页眉

5. 如果需要制作一个公司员工的名片，应该使用的报表是( )。

A. 纵栏式报表 　　　B. 表格式报表 　　　C. 图表式报表 　　　D. 标签式报表

6. 下列选项不属于报表数据来源的是( )。

A. 宏和模块 　　　B. 表 　　　C. 查询 　　　D. SQL 语句

7. 以下关于报表数据源设置的叙述中，正确的是( )。

A. 只能是表对象 　　　　　　　　　　B. 只能是查询对象

C. 可以是表对象或者查询对象 　　　　D. 可以是任意对象

8. 对已经设置排序或分组的报表，下列说法正确的是( )。

A. 能进行删除排序、分组字段或表达式的操作，不能进行添加排序、分组字段或表达式的操作

B. 能进行添加和删除排序、分组字段或表达式的操作，不能进行修改排序、分组字段或表达式的操作

C. 能进行修改排序、分组字段或表达式的操作，不能进行删除排序、分组字段或表达式的操作

D. 进行添加、删除和更改排序、分组字段或表达式的操作

9. 纵栏式报表的字段标题被安排在下列选项中的哪一个节区显示(　　)。

A. 报表页眉　　　　B. 主体　　　　C. 页面页眉　　　　D. 页面页脚

10. 报表记录分组是指报表设计时按选定的(　　)值是否相等而将记录划分成组的过程。

A. 记录　　　　　　B. 字段　　　　C. 属性　　　　　　D. 域

11. 一个报表最多可以对(　　)个字段或表达式进行分组。

A. 4　　　　　　　B. 6　　　　　C. 8　　　　　　　D. 10

12. 如果要求在页面页脚中显示的页码形式为"第 X 页,共 Y 页",则页面页脚中的页码的控件来源应该设置为(　　)。

A. ="第"&[Pagesl&"页,共"&[Page]&"页"

B. ="共"&[Pages]&"页,第"-[Page]&"页"

C. ="第"&[Page]&"页,共"&[Pages]&"页"

D. ="共"&[Page]&"页,第"&[Pages]&"页"

13. 下面关于报表对数据处理的叙述,正确的选项是(　　)。

A. 报表只能输入数据　　　　　　　　B. 报表只能输出数据

C. 报表可以输入和输出数据　　　　　D. 报表不能输入和输出数据

14. 如果我们要使报表的标题在每一页上都显示,那么应该设置(　　)。

A. 报表页眉　　　　B. 页面页眉　　　　C. 组页眉　　　　D. 以上说法都不对

15. 在报表每一页的底部都输出信息,需要设置的区域是(　　)。

A. 报表页眉　　　　　　　　　　　　B. 报表页脚

C. 页面页眉　　　　　　　　　　　　D. 页面页脚

16. 在使用报表设计器设计报表时,如果要统计报表中某个组的汇总信息,应将计算表达式放在(　　)。

A. 组页眉/组页脚　　　　　　　　　　B. 页面页眉/页面页脚

C. 报表页眉/报表页脚　　　　　　　　D. 主体

17. 如果在报表最后输出某些信息,需要设置的是(　　)。

A. 页面页眉　　　　　　　　　　　　B. 页面页脚

C. 报表页眉　　　　　　　　　　　　D. 报表页脚

18. 报表统计计算中,如果是进行分组统计并输出,则统计计算控件应该布置在(　　)。

A. 主体节　　　　　　　　　　　　　B. 报表页眉/报表页脚

C. 页面页眉/页面页脚　　　　　　　　D. 组页眉/组页脚

19. Access 报表对象的数据源可以是(　　)。

A. 表、查询和窗体　　　　　　　　　B. 表和查询

C. 表、查询和 SQL 命令　　　　　　　D. 表、查询和报表

20. Access 的报表操作没有提供(　　)。

A. "设计"视图　　　　　　　　　　　B. "打印预览"视图

C. "布局"视图　　　　　　　　　　　D. "编辑"视图

21．在报表中，要计算"微积分"字段的最低分，应将控件的"控件来源"属性设置为(　　)。

　　A．=Min([微积分])　　B．=Min(微积分)　　C．=Min[微积分]　　D．Min(微积分)

22．在报表设计过程中，不适合添加的控件是(　　)。

　　A．标签控件　　　　B．图形控件　　　　C．文本框控件　　　　D．选项组控件

23．报表的某个文本框控件来源属性为"=2 * 10 +1"，在打印预览视图中，该文本框显示的信息是(　　)。

　　A．21　　　　　　B．=20* 10+1　　　C．2* 10+1　　　D．出错

24．在报表中将大量数据按不同的类型分别集中在一起，称为(　　)。

　　A．排序　　　　　　B．合计　　　　　　C．分组　　　　　　D．数据筛选

25．Access 的报表要实现排序和分组统计操作，应通过设置(　　)属性来进行。

　　A．分类　　　　　　B．统计　　　　　　C．排序与分组　　　D．计算

26．当在一个报表中列出学生 3 门课 a、b、c 的成绩时，若要对每位学生计算这 3 门课的平均成绩，只需设置新添计算控件的控制源为(　　)。

　　A．"=a+b+c/3"　　　　　　　　　B．"(a+b+C)/3"

　　C．"=(a+b+C)/3"　　　　　　　　D．以上表达式均错

27．报表中的页面页眉用来(　　)。

　　A．显示报表中的字段名称或记录的分组名称

　　B．显示报表中的标题、图形或说明性文字

　　C．显示本页的汇总说明

　　D．显示整个报表的汇总说明

28．要设计出带表格线的报表，需要向报表中添加(　　)控件完成表格线的显示。

　　A．标签　　　　　　　　　　　　B．文本框

　　C．表格　　　　　　　　　　　　D．直线或矩形

29．在报表设计中，用来绑定控件显示字段数据的最常用的计算控件是(　　)。

　　A．标签　　　　　　B．文本框　　　　C．列表框　　　　　D．选项按钮

30．报表中的内容是按照(　　)单位来划分的。

　　A．章　　　　　　　B．节　　　　　　　C．页　　　　　　　D．行

6.3.2　填空题

1．_____对象主要用于对数据库中的数据进行分组、计算、汇总和打印输出。

2．使用设计视图创建报表时，可以设置字段或_____对记录排序。

3．要在报表上显示格式为"8/总 9 页"的页码，则计算控件的"控件来源"属性应设置为_____。

4．报表由报表页眉、_____、_____、主体、_____、_____、_____7 部分(节)组成。

5．Access 2010 报表主要的视图方式有＿＿＿＿、＿＿＿＿、＿＿＿＿和报表视图。

6．报表不能对数据源中的数据进行＿＿＿＿。

7．用来显示整份报表的汇总说明，在所有记录都被处理后，只打印在报表的结束处的是＿＿＿＿节。

8．在报表设计中，可以通过添加＿＿＿＿控件来控制另起一页输出显示。

6.3.3　简答题

1．作为查阅和打印数据的一种方法，与表和查询相比，报表具有哪些优点？

2．报表由几部分组成？是否所有页眉页脚必须成对添加？

3．报表的视图有几种？每种视图有什么作用？

4．简述并比较报表与窗体的形式和用途。

5．报表的类型有哪些？各有什么特点？

6．创建报表的方式有几种？各有哪些优缺点？

7．分组的目的是什么？如何对报表进行排序与分组？

8．如何在报表中使用计算控件？在报表不同区域中使用计算控件有什么区别？

9．如何创建多列报表？

10．报表快照是什么？

第7章 宏

7.1 知识要点

7.1.1 宏概述

1. 宏的概念

宏是 Access 数据库的一个重要对象，是组织 Access 数据处理对象的工具。Access 提供了大量的宏操作，用户可以根据需求将多个宏操作定义在宏中，通过宏可以方便地实现很多需要编程才能实现的功能。

Access 2010 进一步增强了宏的功能，使得创建宏更加方便，使用宏可以完成更为复杂的工作。

2. 宏的组成

宏是由操作、参数、注释、组、if 条件、子宏等几个部分组成的。

1) 操作

操作是系统预先设计好的特殊代码，每个操作可以完成一种特定的功能，用户使用时按需设置参数即可。

2) 参数

参数是用来给操作提供具体信息的，每个参数都是一个值。不同操作的参数各不相同，有些参数是必须指定的，有些参数是可选的。

3) 注释

注释是对宏的整体或一部分进行说明，一个宏中可以有多条注释。注释虽不是必需的，但添加注释不但方便以后对宏的维护，也方便其他用户理解宏。

4) 组

在 Access 2010 中，宏的结构较为复杂，为了有效地管理宏，引入了 Group 组。可以把宏中的操作，根据它们操作目的的相关性进行分块，每一个块就是一个组。

5) if 条件

有些宏操作执行时必须满足一定的条件。Access 2010 是利用 if 操作来指定条件的，具体的条件表达式中包含算术、逻辑、常数、函数、控件、字段名和属性值。表达式的计算结果为逻辑"真"值时，将执行指定的宏操作，否则不执行。

6) 子宏

子宏是包含在一个宏名下的具有独立名称的基本宏。它可以由多个宏操作组成，也可以单独运行。当需要执行一系列相关的操作时就要创建包含子宏的宏。

3. 宏的类型

在 Access 2010 中，宏分为 3 类：基本宏、条件宏和宏组。

1) 基本宏

基本宏是最简单的宏，由一条或多条宏操作组成，执行时按照顺序从第一个宏操作逐一往下执行，直到全部执行完毕为止。

2) 条件宏

条件宏是带条件的宏，只有条件满足时才会执行某些宏操作。使用 if 操作，可以实现条件判断。

3) 宏组

宏组是由多个子宏组成，每个子宏是由一个或多个宏操作组成。除了宏组要有自己的宏名外，每个子宏也都必须定义自己的宏名，以便分别调用。

另外，还可根据宏是否与窗体、报表事件有关，分为独立宏和嵌入宏。

4. 宏的设计视图

Access 2010 中的宏设计器不同于以前版本的宏设计器，其界面类似于 VBA 事件过程的开发界面。在宏设计器中有一个组合框，组合框中显示可添加的宏操作，在宏设计器的右侧显示操作目录窗格。操作目录窗格由程序流程、操作和此数据库中(包含部分宏)的对象 3 个部分组成。

5. 常用的宏命令

Access 2010 中提供了 86 种宏操作，利用这些操作可以实现特定的功能，如打开窗体、关闭数据库、修改控件属性等。通过对宏的运行，Access 能有序地自动完成多个操作。

7.1.2　宏的创建

宏的创建是在设计视图窗口中进行，创建过程中的主要工作是选择宏操作及相应参数的设置。各种类型宏的创建过程类似。

7.1.3 宏的编辑

1．添加宏操作

在宏中添加新操作的方法有 3 种：

(1) 直接在组合框中输入操作命令；

(2) 单击组合框的下拉按钮，在打开的列表框中选择；

(3) 从"操作目录"窗格中，把所需操作拖曳到组合框。

2．删除宏操作

删除宏操作的方法有 3 种：

(1) 选定要删除的宏操作，单击该操作命令右侧的"删除"按钮 ×；

(2) 选定要删除的宏操作，按 Delete 键；

(3) 右击要删除的宏操作，选择快捷菜单中的"删除"命令。

3．移动宏操作

将宏操作的顺序可以调整，操作方法有 3 种：

(1) 选定要移动的宏操作为当前操作后，单击该操作命令右侧的"上移" 按钮或"下移" 按钮；

(2) 直接拖到要移动的宏操作到所需位置；

(3) 选中宏操作，按 Ctrl+↑键或 Ctrl+↓键。

4．复制宏操作

复制宏操作的方法同复制文件，具体有两大类：

(1) 按住 Ctrl 键，将需复制的宏操作拖到目标位置；

(2) 选定要复制的宏操作，再使用剪贴板的"复制"命令和"粘贴"命令。

5．添加注释

为宏操作添加注释的方法有两种：

(1) 选定要添加注释的宏操作，在"操作目录"窗格中双击"程序流程"中的 Comment 操作，然后在文本框中输入注释内容；

(2) 将"操作目录"窗格中的 Comment 操作拖到需要添加注释的宏操作前面，然后在文本框中输入注释内容。

7.1.4　宏的调试

1．独立宏的调试

操作步骤如下：

(1) 打开简单宏的设计视图。

(2) 在"设计"选项卡的"工具"组中，单击"单步"按钮，然后单击"运行"按钮，再单击"是"按钮。

(3) 在打开的"单步执行宏"对话框中，单击"单步执行"按钮执行当前操作。若执行正确，单击"继续"按钮继续执行下一个操作；若有错误，单击"停止所有宏"按钮，返回宏设计视图进行修改。

2．嵌入宏的调试

操作步骤如下：

(1) 打开嵌入宏所在的窗体；

(2) 在"导航窗格"中选择"宏"对象，右击要调试的宏名，单击快捷菜单中的"设计视图"命令；

(3) 在"设计"选项卡的"工具"组中，单击"单步"按钮；

(4) 在"对象窗格"中选中打开的窗体，单击宏嵌入的控件，弹出"单步执行宏"对话框，后续操作同独立宏。

7.1.5　宏的运行

1．直接运行宏

直接运行宏一般是用来对宏进行测试或调试。

1) 在宏设计器窗口中运行

单击"设计"|"工具"|"运行"按钮，就可执行当前正在编辑的宏。若是宏组，则只能执行宏组中的第一个子宏。

2) 在数据库窗口中运行宏

在数据库窗口的导航窗格中，双击"宏"对象列表中的宏名，或选中一个宏再单击"设计"|"工具"|"运行"按钮，就可执行选中的宏。同样，宏组只能执行第一个子宏。

3) 在 Access 主窗口中运行宏

单击"数据库工具"选项卡中的"宏"组中的"运行宏"按钮，在打开的"运行宏"对话框中选择要执行的宏名，单击"确定"按钮。同样，宏组只能执行第一个子宏。

2. 宏调用宏

可以在其他宏中运行一个已经设计好的宏，用宏操作 RunMacro 即可实现，它有 3 个参数：宏名称、重复次数和重复表达式。宏名称用来指定被调用的宏；重复次数用来指定运行宏的次数；重复表达式是条件表达式，每次调用宏后都要计算该表达式的值，只有当其值为 True 时才继续再次运行调用宏。

3. 事件调用宏

把宏指定为事件过程称为绑定宏，也就是事件调用宏。绑定宏的方法有 3 种：在"事件"选项卡中绑定；在控件的快捷菜单中绑定；把宏对象拖放到窗体上。

7.1.6　将宏转换为 VBA 模块

1. 直接转换为模块

操作步骤如下：
(1) 在"导航窗格"中选定要转换的宏；
(2) 单击"文件"|"对象另存为"命令，打开"另存为"对话框；
(3) 为模块指定名称，并选择保存类型为"模块"；
(4) 单击"确定"按钮。

2. 利用数据库工具转换

操作步骤如下：
(1) 打开要转换的宏的设计视图；
(2) 在"宏工具设计"选项卡中"工具"组中，单击"将宏转换为 Visual Basic 代码"按钮，打开"转换宏"对话框；
(3) 在"转换宏"对话框中，选择所需选项，单击"转换"。
转换完成后，Access 打开 Visual Basic 编辑器并显示转换的 VBA 代码。

7.2　上机实验

实验一　创建基本宏

【实验目的】
1. 掌握使用宏设计器创建基本宏的方法。
2. 掌握宏的保存和运行方法。

【实验内容】

在"教务管理"数据库中，创建名为"导出数据"的宏，将"学生"表导出为 Excel 表格，保存为"学生.xlsx"。运行此宏，查看"学生.xlsx"的内容。

【操作步骤】

操作步骤如下：

(1) 打开"教务管理"数据库；

(2) 在"创建"选项卡的"宏与代码"组中，单击"宏"按钮，打开宏设计视图；

(3) 单击"添加新操作"组合框右侧下拉按钮，选择 ExportWithFormatting 选项；

(4) "对象类型"选择"表"，"对象名称"选择"学生"，"输出格式"选择 Excel 工作簿(*.xlsx)，"输出文件"中输入"学生.xlsx"；

(5) 单击快速工具栏上的"保存"按钮，打开"另存为"对话框；

(6) 输入"导出数据"，单击"确定"按钮；

(7) 单击"宏工具设计"选项卡的"工具"组中的"运行"按钮。

实验二　创建条件宏

【实验目的】

掌握使用宏设计器创建条件宏的方法。

【实验内容】

1. 创建一个名为"查看课程信息"的条件宏。宏运行时，首先弹出对话框询问用户"确定查看课程信息？"，如果选择"确定"按钮，则打开"课程"表。

2. 创建一个名为"编辑窗体"的条件宏。首先弹出对话框询问用户"是否编辑窗体？"，如果选择"是"选项，则修改"教师"窗体的标题为"教师信息"并将主体节的背景色改为随机色，如果选择"否"选项，则显示"用户不需编辑窗体"的消息。

【操作步骤】

1. 创建"查看课程信息"条件宏

操作步骤如下：

(1) 在"创建"选项卡的"宏与代码"组中，单击"宏"按钮，打开宏设计视图；

(2) 单击"添加新操作"组合框右侧下拉按钮，选择 If 选项；

(3) 在条件表达式文本框中输入表达式"MsgBox("确定查看课程信息？",0+32)=1"，也可单击条件表达式文本框右侧的"生成器"按钮，在打开的"表达式生成器"对话框中输入表达式；

(4) 单击 If 操作中的"添加新操作"组合框右侧下拉按钮，选择 OpenTable 选项；

（5）单击"表名称"组合框右侧下拉按钮，选择"课程"表；

（6）单击快速工具栏上的"保存"按钮，打开"另存为"对话框；

（7）在"宏名称"框中输入"浏览表"，单击"确定"按钮。

2．创建"编辑窗体"条件宏

操作步骤如下：

（1）在"创建"选项卡的"宏与代码"组中，单击"宏"按钮，打开宏设计视图；

（2）单击"添加新操作"组合框右侧下拉按钮，选择 If 选项；

（3）在条件表达式文本框中输入表达式"MsgBox("是否编辑窗体？",4+32)=6"，也可单击条件表达式文本框右侧的"生成器"按钮，在打开的"表达式生成器"对话框中输入表达式；

（4）单击 If 操作中的"添加新操作"组合框右侧下拉按钮，选择 OpenForm 选项；

（5）单击"窗体名称"组合框右侧下拉按钮，选择"教师"选项；

（6）单击 If 操作中的"添加新操作"组合框右侧下拉按钮，选择 SetValue 选项；

（7）在"项目"文本框中输入"Forms![教师].caption"，或单击"项目"右侧的"生成器"按钮，在"表达式生成器"对话框中选择教师窗体；

（8）在"表达式"文本框中输入""教师信息""；

（9）单击 If 操作中的"添加新操作"组合框右侧下拉按钮，选择 SetValue 选项；

（10）在"项目"文本框中输入"Forms![教师].主体.BackColor"，或单击"项目"右侧的"生成器"按钮，在"表达式生成器"对话框中选择教师窗体的主体节；

（11）在"表达式"文本框中输入"rgb(255*rnd(),255*rnd(),255*rnd())"；

（12）单击"添加 Else"按钮；

（13）单击 Else 操作中的"添加新操作"组合框右侧下拉按钮，选择 MessageBox 选项；

（14）在"消息"文本框中输入"用户不需编辑窗体"；

（15）单击快速工具栏上的"保存"按钮，打开"另存为"对话框；

（16）在"宏名称"框中输入"编辑窗体"，单击"确定"按钮。

实验三　创建宏组

【实验目的】

1．掌握使用宏设计器创建宏组的方法。

2．掌握调用宏组中的子宏的方法。

【实验内容】

1．创建一个名为"浏览表"的宏组，宏组中包含 6 个子宏："学生信息""课程信息""班级信息""教师信息""成绩信息"和"授课信息"。

各子宏的功能如下：

- "学生信息"：打开"学生"表；
- "课程信息"：打开"课程"表；
- "班级信息"：打开"班级"表；
- "教师信息"：打开"教师"表；
- "成绩信息"：打开"成绩"表；
- "授课信息"：打开"授课"表。

2．创建一个名为"浏览表"的窗体，其中包含 6 个命令按钮："学生""课程""班级""教师""成绩"和"授课"。当单击命令按钮时，调用"浏览表"宏组中打开对应表的子宏。

【操作步骤】

1．创建"浏览表"宏组

操作步骤如下：

(1) 在"创建"选项卡的"宏与代码"组中，单击"宏"按钮，打开宏设计视图；

(2) 双击"操作目录"窗格中程序流程中的 Submarco；

(3) 在子宏名称框中输入"学生信息"，在子宏区域中的"添加新操作"组合框中选择 OpenTable 选项，选择表名称为"学生"；

(4) 重复第(2)、第(3)步，依次设置其他子宏；

(5) 单击快速工具栏上的"保存"按钮，打开"另存为"对话框；

(6) 在"宏名称"框中输入"浏览表"，单击"确定"按钮。

2．创建"浏览表"窗体，并调用宏组中的子宏

操作步骤如下：

(1) 在"创建"选项卡的"窗体"组中，单击"窗体设计"按钮，打开窗体设计视图；

(2) 添加 6 个命令按钮，并将标题分别指定为"学生""课程""班级""教师""成绩"和"授课"；

(3) 选定"学生"按钮，单击"属性"窗口中的"事件"选项卡中"事件"单击的下拉按钮，在打开的下拉列表框中选择"浏览表.学生信息"；

(4) 重复第(3)步，完成其他命令按钮的单击"事件"的设置；

(5) 单击快速工具栏上的"保存"按钮，打开"另存为"对话框；

(6) 在"窗体名称"框中输入"浏览表"，单击"确定"按钮。

实验四　综合实验

【实验目的】

1．掌握使用宏设计器创建宏的方法。

2．掌握宏的调用方法。

【实验内容】

1. 创建一个名为"更新记录"的纵栏式窗体，窗体以"教师"表为数据源，在窗体中包含"前一条记录""后一条记录""添加记录"和"删除记录"4 个命令按钮，如图 7-1 所示。4 个按钮的功能分别是：

- "前一条记录"：定位到上一条记录；
- "后一条记录"：定位到下一条记录；
- "添加记录"：用来添加新记录；
- "删除记录"：用来删除当前记录。

操作要求：4 个命令按钮的功能通过调用宏组中的子宏来实现，宏组名定义为"更新记录宏组"。

图 7-1　"更新记录"窗体界面

2. 创建一个名为"学生信息维护"的窗体，其中包含"浏览""编辑"和"退出"3 个命令按钮，如图 7-2 所示。功能如下：

- "浏览"：打开"浏览信息"窗体(该窗体新建)，如图 7-3 所示。单击其中的"学生"按钮，则打开"学生"表；单击其中的"成绩"按钮，则打开"成绩表"。
- "编辑"：打开"学生"窗体，判断"姓名"字段是否为空。若为空，则显示"请输入学生姓名！"的警告信息并输入学生姓名。
- "退出"：关闭"学生信息维护"窗体。

操作要求：

(1) 以上窗体中的所有命令按钮的单击事件全部通过调用宏实现。

(2) "浏览信息" 窗体中调用的宏定义为宏组，"编辑" 按钮调用的宏定义为条件宏，"浏览" 和 "退出" 按钮调用的宏均定义为简单宏。

图 7-2 　"学生信息维护"窗体界面

图 7-3 　"浏览信息"窗体界面

【操作步骤】

1. 创建 "更新记录" 窗体，并调用宏组 "更新记录宏组" 中的子宏

操作步骤如下：

(1) 按照图 7-1 所示，创建窗体，并将窗体保存为 "更新记录"。

(2) 在 "创建" 选项卡的 "宏与代码" 组中，单击 "宏" 按钮，打开宏设计视图。

(3) 双击 "操作目录" 窗格中程序流程中的 Submarco 按钮，在子宏名称框中输入 "前一条"。

(4) 在子宏区域中的 "添加新操作" 组合框中选择 If 选项。

(5) 在条件表达式文本框中输入表达式为：教师编号<>"T001"，也可单击条件表达式文本框右侧的 "生成器" 按钮，在打开的 "表达式生成器" 对话框中输入表达式。

(6) 单击 If 操作中的 "添加新操作" 组合框右侧下拉按钮，选择 GotoRecord 选项，该操作的参数设置为："对象类型" 选为窗体；"对象名称" 选为 "更新记录" 窗体；"记录" 选为向前移动；"偏移量" 选为 1。

(7) 重复第(3)～第(6)步创建另外 3 个子宏，将子宏名分别指定为 "后一条" "添加" 和 "删除"。"后一条" 子宏的条件表达式为：Not Isnull(教师编号)，"记录" 选为向后移动；"添加" 子宏的 "记录" 选为新记录，且无需设置 "偏移量"；"删除" 子宏的操作选为 RunMenuCommand，并将该操作的 "命令" 选为 DeleteRecord。

(8) 单击快速工具栏上的 "保存" 按钮，打开 "另存为" 对话框。

(9) 在 "宏名称" 框中输入 "更新记录宏组"，单击 "确定" 按钮。

(10) 打开 "更新记录" 窗体，选定 "前一条记录" 按钮并打开 "属性表" 对话框，在 "单击" 事件的下拉列表框中选择 "更新记录宏组.前一条"；用同样的方法给另外 3 个命令按钮的 "单击" 事件分别选择 "更新记录宏组.后一条" "更新记录宏组.添加" 和 "更新记录宏组.删除"。

(11) 保存窗体。

2. 创建"学生信息维护"窗体，并调用宏

操作步骤略。

7.3 习　　题

7.3.1　选择题

1. 下列选项中能产生宏操作结果的是(　　)。

A. 创建宏　　　　　　　B. 编辑宏　　　　　　　C. 运行宏　　　　　　　D. 创建宏组

2. 用于显示消息框的宏操作是(　　)。

A. Msgbox　　　　　　　B. InputBox　　　　　　C. MessageBox　　　　　D. DisBox

3. 下列关于条件宏的说法中，错误的一项是(　　)。

A. 条件为真时，将执行此行中的宏操作

B. 宏在遇到条件内有省略号时，终止操作

C. 如果条件为假，将跳过该行操作

D. 上述不全对

4. VBA 的自动运行宏，应当命名为(　　)。

A. AutoExec　　　　　　B. Autoexe　　　　　　C. Auto　　　　　　　　D. AutoExec.bat

5. 关于宏操作，以下叙述错误的是(　　)。

A. 宏的条件表达式不能引用窗体或报表的控件值

B. 所有宏操作都可以转化为相应的模块代码

C. 使用宏可以启动其他应用程序

D. 可以利用宏组来管理相关的一系列宏

6. 下列关于运行宏的方法中，错误的是(　　)。

A. 运行宏时，对每个宏只能连续运行

B. 打开数据库时，可以自动运行名为 AutoExec 的宏

C. 可以通过窗体、报表上的控件来运行宏

D. 可以在一个宏中运行另一个宏

7. 宏组中子宏的调用格式为(　　)。

A. 宏组名.子宏名　　B. 子宏名　　　　　C. 子宏名.宏组名　　　D. 以上都不对

8. 在宏中要引用报表 test 上的控件 txt 的 name 属性，正确的引用格式为(　　)。

A. Form!txt!name　　　　　　　　　　　B. test!txtname

C. Reports!test!txt.name　　　　　　　　D. Reports!txt.name

9. 下列关于宏的说法中，错误的一项是(　　)。

A. 宏是若干个操作组成的集合　　　B. 每个宏操作都有相同的参数

C. 宏操作不能自定义　　　　　　　D. 宏通常与窗体、报表中的控件相结合使用

10. 宏操作 Setvalue 的功能是(　　)。

A. 设置提示信息　　B. 设置属性值　　　C. 显示信息框　　　D. 打开数据库

11. 宏组是由(　　)组成。

A. 若干个宏操作　　B. 若个宏　　　　　C. 若干子宏　　　　D. 都不对

12. 用来最大化当前窗口的宏操作是(　　)。

A. MinimizeWindow　B. MaximizeWindow　C. Minimize　　　　D. Maximize

13. 调用宏的宏操作是(　　)。

A. Runmacro　　　　B. Runcode　　　　C. StopAllMacros　D. StopMacro

14. 要限制宏操作的执行，可以在创建宏时定义(　　)。

A. 宏操作对象　　　　　　　　　　B. 宏操作条件

C. 窗体或报表控件属性　　　　　　D. 宏操作参数

15. 下列有关宏的叙述中，错误的是(　　)。

A. 宏能够一次执行多个操作

B. 每个宏操作都是由操作名和操作参数组成

C. 宏可以是由很多宏操作组成的集合

D. 宏是用编程的方法来实现的

16. 下列选项中，不包含在操作目录窗格中的是(　　)。

A. 程序流程　　　　　B. 操作　　　　　C. 在此数据库中　D. 添加新操作

17. 当宏操作在"添加新操作"组合框中找不到时，应该执行(　　)选项卡中的按钮。

A. 设计　　　　　　　B. 数据库工具　　C. 创建　　　　　　D. 开始

18. 用来打开数据表的宏操作是(　　)。

A. OpenForm　　　　B. OpenTable　　　C. OpenReport　　D. OpenQuery

19. 宏设计器窗口分为设计区和参数区，设计区由"宏名""条件""操作""参数"和"备注"5 列组成。不能省略的列是(　　)。

A. 宏名　　　　　　　B. 条件　　　　　C. 操作　　　　　　D. 参数

20. 条件宏的条件的返回值是(　　)。

A. "真"或"假"　　B. "真"　　　　　C. "假"　　　　　　D. 无返回值

7.3.2　填空题

1. 宏的英文名称是_____。

2. OpenForm 的功能是_____。

3. OpenReport 的功能是_____。

4. 宏中可以包含多个宏操作，在运行宏时将按_____顺序来依次执行这些操作。

5．用户可以在_____中创建或编辑宏。

6．在 Access 2010 中，宏分为_____、_____和_____3 种。

7．宏操作的条件是利用_____来设置的。

8．创建宏组时，需要选择_____窗格中的_____选项。

9．直接运行宏组时，只运行_____子宏。

10．为宏操作设置条件，是为了_____。

11．宏的使用一般是通过窗体或报表中_____的"事件"单击属性实现的。

7.3.3　简答题

1．什么是宏？宏的作用是什么？

2．如何设置条件宏和宏组？

3．调用宏的方法有哪些？

4．自动运行宏有何用途？

第8章　模块与VBA程序设计

【学习要点】
- ➢ 模块的概念和应用
- ➢ 面向对象程序设计的基本概念
- ➢ VBA 程序设计基础
- ➢ VBA 过程声明、调用与参数传递
- ➢ VBA 程序调试和错误处理

8.1　知识要点

8.1.1　模块的概念和应用

1．模块的概念

模块是 Access 2010 数据库中的一个重要对象,由 VBA 语言编写的程序集合,是把声明、语句和过程作为一个单元进行保存的集合体。通过模块的组织和 VBA 代码设计,可以大大提高 Access 2010 数据库应用的处理能力,解决复杂问题。

2．模块的类型

Access 2010 有两种类型的模块:类模块和标准模块。

1) 类模块

类模块是面向对象编程的基础。可以在类模块中编写代码建立新对象。这些新对象可以包含自定义的属性和方法,实际上,窗体和报表也是这样一种类模块,在其上可安放控件,可显示窗体或报表窗口。Access 2010 中的类模块可以独立存在,也可以与窗体和报表同时存在。

2) 标准模块

标准模块一般用于存放公共过程(子程序和函数),不与其他任何 Access 2010 对象相关联。在 Access 2010 系统中,通过模块对象创建的代码过程就是标准模块。

3．模块的组成

通常每个模块由声明和过程两部分组成。

1）声明部分

可以在这部分定义常量变量、自定义类型和外部过程。在模块中，声明部分与过程部分是分割开来的，声明部分中设定的常量和变量是全局性的，可以被模块中的所有过程调用，每个模块只有一个声明部分。

2）过程部分

每个过程是一个可执行的代码片段，每个模块可有多个过程，过程是划分 VBA 代码的最小单元。另外还有一种特殊的过程，称为事件过程(Event Procedure)。这是一种自动执行的过程，用来对用户或程序代码启动的事件或系统触发的事件做出响应。相对于事件过程，把非事件过程称为通用过程(General Procedure)。

窗体模块和报表模块包括声明部分、事件过程和通用过程，而标准模块只包括声明部分和通用过程。

8.1.2　面向对象程序设计的基本概念

Access 2010 数据库程序设计是一种面向对象的程序设计。面向对象的程序设计是一种系统化的程序设计方法，它采用抽象化、模块化的分层结构，具有多态性、继承性和封装性等特点。

1．对象

VBA 是一种面向对象的语言，要进行 VBA 的开发，必须理解对象、属性、方法和事件这几个概念。对象是面向对象程序设计的核心，对象的概念来源于生活。对象可以是任何事物，比如一辆车、一个人、一件事情等，随时随地都在和对象打交道。现实生活中的对象有两个共同的特点：一是它们都有自己的状态，例如一辆车有自己的颜色、速度、品牌等；二是它们都具有自己的行为，比如一辆车可以启动、加速或刹车。在面向对象的程序设计中，对象的概念是对现实世界中对象的模型化，它是代码和数据的组合，同样具有自己的状态和行为。对象的状态用数据来表示，称为对象的属性；而对象的行为用对象中的代码来实现，称为对象的方法。

VBA 应用程序对象就是用户所创建的窗体中出现的控件，所有的窗体、控件和报表等都是对象。而窗体的大小、控件的位置等都是对象的属性。这些对象可以执行的内置操作就是该对象的方法，通过这些方法可以控制对象的行为。

对象有如下一些基本特点：

- 继承性：指一个对象可以继承其父类的属性及操作。
- 多态性：指不同对象对作用于其上的同一操作会有不同的反应。

● 封装性：指对象将数据和操作封装在其中。用户只能看到对象的外部特性，只需知道数据的取值范围和可以对该数据施加的操作，而不必知道数据的具体结构以及实现操作的算法。

2．对象的属性

每个对象都有属性，对象的属性定义了对象的特征，诸如大小、颜色、字体或某一方面的行为。使用 VBA 代码可以设置或者读取对象的属性数值。修改对象的属性值可以改变对象的特性。

3．对象的方法

在 VBA 中，对象除具有属性之外，还有方法。对象的方法是指在对象上可以执行的操作。例如，在 Access 2010 数据库中经常使用的操作有选取、复制、移动或者删除等。这些操作都可以通过对象的方法来实现。

4．对象的事件

在 VBA 中，对象的事件是指识别和响应的某些行为和动作。在大多数情况下，事件是通过用户的操作产生的。例如，选取某数据表、单击鼠标等。如果为事件编写了程序代码，当该事件发生的时候，Access 2010 会执行对应的程序代码，该程序代码称为事件过程。

事件提供了一种异步的方法来通知其他对象或代码将要发生的事。

总之，对象代表应用程序中的元素，比如表单元、图表窗体或是一份报告。在 VBA 代码中，在调用对象的任一方法或改变它的某一属性值之前，必须去识别对象。

5．事件驱动机制

在事件驱动的应用程序中，代码不是按照预定的路径执行，而是在响应不同的事件时执行不同的代码片段。事件可以由用户操作触发，也可以由来自操作系统或其他应用程序的消息触发，甚至由应用程序本身的消息触发。这些事件的顺序决定了代码执行的顺序，因此应用程序每次运行时所经过的代码的路径都是不同的。

VBA 是面向对象的应用程序开发工具，窗体模块是 VBA 应用程序的基础。每个窗体模块都包含事件过程，在事件过程中有为响应该事件而执行的程序段。窗体可包含控件。在窗体模块中，对窗体上的每个控件都有一个对应的事件过程集。除了事件过程，窗体模块还可包含通用过程，它对来自该窗体中任何事件过程的调用都做出响应。

在执行中代码也可以触发事件。例如，在程序中改变文本框中的文本将引发文本框的 Change 事件。如果 Change 事件中包含有代码，则将导致该代码的执行。如果原来假设该事件仅能由用户的交互操作所触发，则可能会产生意料之外的结果。正因为这一原因，所以在设计应用程序时理解事件驱动模型并牢记在心是非常重要的。

事件驱动应用程序中的典型事件序列：

● 启动应用程序，装载和显示窗体。

- 窗体(或窗体上的控件)接收事件。事件可由用户引发(例如键盘操作)，可由系统引发(例如定时器事件)，也可由代码间接引发(例如，当代码装载窗体时的 Load 事件)。
- 如果在相应的事件过程中存在代码，就执行代码。
- 应用程序等待下一次事件。

8.1.3　VBA 程序设计基础

1．VBA 简介

VBA(Visual Basic for Application)，是 Microsoft 公司 Office 系列软件中内置的用来开发应用系统的编程语言。它与 Visual Studio 中的 Visual Basic 开发工具很相似，但又有本质的区别，VBA 主要是面向 Office 办公软件进行的系统开发工具；而 VB 是一种可视化的 Basic 语言，是一种功能强大的、面向对象的开发工具。VBA 是 VB 的子集，所以可以像编写 VB 语言那样来编写 VBA 程序，以实现某个功能。当 VBA 程序编译通过以后，将这段程序保存在 Access 2010 中的一个模块里，并通过类似在窗体中激发宏的操作那样来启动这个模块，从而实现相应的功能。

2．VBA 编程环境—VBE 窗口

在 Office 中提供的 VBA 开发界面，称为 VBE(Visual Basic Editor)。可以在 VBE 窗口中编写和调试模块程序。

打开 VBE 的方法有多种，简单分为两类：一类是从数据库窗口中打开 VBE；一类是从"报表"或"窗体"的"设计视图"中打开 VBE。

1) 从数据库窗口中打开 VBE

方法一：按 Alt+F11 组合键。

方法二：在数据库窗口的功能区中选择"数据库工具"选项卡，单击"宏"组中的"Visual Basic"按钮。

方法三：切换到"创建"选项卡，在"其他"组中单击"模块"按钮，如果没有出现"模块"按钮，则单击"宏"按钮下的三角箭头，在出现的菜单中选择"模块"命令。

方法四：双击要查看或编辑的模块。

2) 从报表或窗体的设计视图中打开 VBE

方法一：打开窗体或报表，然后在需要编写代码的控件上右击，在弹出的快捷菜单中选择"事件生成器"命令，在打开的"选择生成器"对话框中选择"代码生成器"选项，单击"确定"按钮，打开 VBE 环境，光标显示位置为该控件的默认事件代码的开头部分。

方法二：打开窗体或报表，然后单击"工具"组中的"查看代码"按钮，打开 VBE 环境。

方法三：打开窗体或报表，然后双击需要编写代码的控件，在打开的属性对话框中选

择"事件"选项卡，单击出现的相应省略号按钮，在打开的"选择生成器"对话框中，打开 VBE 环境。

3. VBA 程序设计基础

VBA 是一种程序设计语言，它和 C/C++、Pascal、Java 或者是 COBOL 一样，都是为程序员很好地进行应用程序开发而设计的编程语言。经过 VB 多年的发展和完善，VBA 和 VB 一样，已经从一个简单的程序设计语言发展成为支持组件对象模型的核心开发环境。

1) 数据类型

数据是程序的必要组成部分，也是数据处理的对象，在高级语言中广泛使用"数据类型"这一概念。

数据类型就是一组性质相同的值的集合以及定义在这个值集合上的一组操作的总称。VBA 的数据类型有字节型、整型、长整型、单精度型、双精度型、货币型、字符型、日期/时间型、逻辑型、变体型、对象型等。除了上述系统提供的基本数据类型外，VBA 还支持用户自定义数据类型。

自定义数据类型，实质上是由标准数据类型构造而成的一种数据类型，我们可以根据需要来定义一个或多个自定义数据类型。

VBA 使用 Type 语句就可以实现这个功能。用户自定义类型可包含一个或多个某种数据类型的数据元素。Type 语句的语法格式如下：

```
Type 自定义数据类型名
    数据元素名[(下标)] as 数据类型名
    ...
    [数据元素名[(下标)] as 数据类型名]
End Type
```

参数说明：

- 数据元素名：表示自定义类型中的一个成员。
- 下标：如果省略，表示是简单变量，否则是数组。
- 数据类型名：就是标准数据类型。

2) 常量

计算机程序中，不同类型的数据既可以常量的形式出现，也可以变量的形式出现。常量是指在程序执行期间不能发生变化、具有固定值的量；而变量是指在程序执行期间可以变化的量。常量分为直接常量和符号常量。

3) 变量

数据被存储在一定的存储空间中，在计算机程序中，数据连同其存储空间被抽象为变量，每个变量都有一个名字，这个名字就是变量名。它代表了某个存储空间及其所存储的数据，这个空间所存储的数据称为该变量的值。将一个数据存储到变量这个存储空间，称为赋值。在定义变量时就赋值称为赋初值，而这个值称为变量的初值。

4) 数组

数组是一组具有相同数据类型的数据组成的序列，用一个统一的数组名标识这一组数据，用下标来指示数组中元素的序号。数组必须先声明后使用，数组的声明方式和其他的变量类似，它可以使用 Dim、Public 或 Private 语句来声明。

5) 运算符

运算是对数据的加工。最基本的运算形式常常可以用一些简洁的符号记述，这些符号称为运算符，被运算的对象——数据称为运算量或操作数。VBA 中包含丰富的运算符，有算术运算符、字符串运算符、关系运算符、逻辑运算符(也称为布尔运算符)和对象运算符。

6) 表达式

表达式描述了对哪些数据，以什么样的顺序以及进行什么样的操作。它由运算符与操作数组成，操作数可以是常量、变量，还可以是函数。

如果一个表达式中含有多种不同类型的运算符，运算进行的先后顺序由运算符的优先级决定。不同类型运算符的优先级为：算术运算符>字符运算符>关系运算符>逻辑运算符。圆括号优先级最高，在具体应用中，对于多种运算符并存的表达式，可以通过使用圆括号来改变运算优先级，使表达式更清晰易懂。

7) 常用内部函数

内部函数是 VBA 系统为用户提供的标准过程，能完成许多常见运算。根据内部函数的功能，可将其分为数学函数、字符串函数、日期或时间函数、类型转换函数、测试函数等。

8) 输入和输出函数

对数据的一种重要操作是输入与输出，把要加工的初始数据从某种外部设备(如键盘)输入计算机中，并把处理结果输出到指定设备(如显示器)，这是程序设计语言所应具备的基本功能。没有输出的程序是没有用的，没有输入的程序是缺乏灵活性的，VBA 的输入输出由函数来实现。InputBox 函数实现数据输入，MsgBox 函数实现数据输出。

4．VBA 程序语句

程序就是对计算机要执行的一组操作序列的描述。VBA 语言源程序的基本组成单位就是语句。语句可以包含关键字、函数、运算符、变量、常量以及表达式。语句按功能可以分为两类：一类用于描述计算机要执行的操作运算(如赋值语句)；另一类是控制上述操作运算的执行顺序(如循环控制语句)。前一类称为操作运算语句，后一类称为流程控制语句。

1) 注释语句

为了增加程序的可读性，在程序中可以添加适当的注释。VBA 在执行程序时，并不执行注释文字。注释可以和语句在同一行并写在语句的后面，也可占据一整行。注释语句可以使用 Rem 语句或者使用西文单引号""。

2) 赋值语句

变量声明以后，需要为变量赋值，为变量赋值应使用赋值语句。

赋值语句的语法格式为：

```
[Let]变量名=表达式
```

3) MsgBox 语句

MsgBox 语句格式为：

```
MsgBox 提示[,按钮][,标题]
```

MsgBox 语句的功能和用法与 MsgBox 函数完全相同，只是 MsgBox 语句没有返回值，无法对用户的选择做出进一步的响应。

8.1.4　VBA 流程控制语句

正常情况下，程序中的语句按其编写顺序相继执行。这个过程称为顺序执行，当然我们也要讨论各种 VBA 语句能够使程序员指定下一条要执行的语句，这可能与编写顺序中的下一条语句不同。这个过程称为控制转移。

同一操作序列，按不同的顺序执行，就会得到不同的结果，流程控制语句就是如何控制各操作的执行顺序，结构化程序设计要求，所有的程序都可以只按照 3 种控制结构来编写，具体是：顺序结构、选择结构和循环结构。由这 3 种基本结构可以组成任何结构的算法，解决任何问题。

1．顺序结构

如果没有使用任何控制执行流程的语句，程序执行时的基本流程是从左到右、自顶向下的顺序执行各条语句，直到整个程序的结束，这种执行流程称为顺序结构。顺序结构是最常用、最简单的结构，是进行复杂程序设计的基础。其特点是各语句按各自出现的先后顺序依次执行。

2．选择结构

选择结构所解决的问题称为判断问题，它描述了求解规则：在不同的条件下所应进行的相应操作。因此，在书写选择结构之前，应该首先确定要判断的是什么条件，进一步确定判断结果为不同的情况(真或假)时应该执行什么样的操作。

VBA 中的选择结构可以用 If 和 Select case 两种语句表示，它们的执行逻辑和功能略有不同。

3．循环结构

在程序设计时，人们总是把复杂的、不易理解的求解过程，转换为易于理解的、操作的多次重复，这样一方面可以降低问题的复杂性，减轻程序设计的难度，减少程序书写及输入的工作量；另一方面可以充分发挥计算机运算速度快，能自动执行程序的优势。

循环控制有两种办法：计数法与标志法。计数法要求先确定循环次数，然后逐次测试，完成测试次数后，循环结束。标志法是达到某一目标后，使循环结束。

循环控制结构一般由 3 部分组成：进入条件、退出条件和循环体。

根据进入和退出条件，循环控制结构可以分为 3 种形式。

- while 结构：退出条件是进入条件的"反条件"。即满足条件时进入，重复执行循环体，直到进入的条件不再满足时退出。
- do…while 结构：无条件进入，执行一次循环体后再判断是否满足再进入循环的条件。
- for 结构：和 while 结构类似，也是"先判断后执行"。

4．GoTo 语句

无条件地转移到标号指定的那行语句。在 VBA 中，GoTo 主要用于错误处理语句。

GoTo 语句的过多使用，会导致程序运行跳转频繁，程序结构不清晰，调试和可读性差，建议不用或少用 GoTo 语句。

8.1.5　VBA 过程声明、调用与参数传递

在编写程序时，通常把一个较大的程序分为若干小的程序单元，每个程序单元完成相应独立的功能。这样可以达到简化程序的目的。这些小的程序单元就是过程。

过程是 VBA 代码的容器，通常有两种：Sub 过程和 Function 过程。Sub 过程没有返回值，而 Function 过程将返回一个值。

1．Sub 过程

Sub 过程执行一个操作或一系列运算，但没有返回值。可以自己创建 Sub 过程，或使用 Access 所创建的事件过程模板来创建 Sub 过程。

2．Function 过程

Function 过程能够返回一个计算结果。Access 提供了许多内置函数(也称标准函数)，例如 Date()函数可以返回当前机器系统的日期。除了系统提供的内置函数以外，用户也可以自己定义函数，编辑 Function 过程即是自定义函数。因为函数有返回值，因此可以用在表达式中。

3．参数传递

在调用过程中，一般主调过程和被调过程之间有数据传递，也就是主调过程的实参传递给被调过程的形参，然后执行被调过程。

在 VBA 中，实参向形参的数据传递有两种方式，即传值(ByVal 选项)方式和传址(ByRef 选项)方式。传址调用是系统默认方式。区分两种方式的标志是：要使用传值的形参，在定义时前面加上"ByVal"关键字，否则为传址方式。

1) 传值调用的处理方式

当调用一个过程时，系统将相应位置实参的值复制给对应的形参，在被调过程处理中，实参和形参没有关系，被调过程的操作处理是在形参的存储单元中进行，形参值由于操作处理引起的任何变化均不反馈、不影响实参的值。当过程调用结束时，形参所占用的内存

单元被释放。因此，传值调用方式具有单向性。

2) 传址调用的处理方式

当调用一个过程时，系统将相应位置实参的地址传递给相应的形参。因此，在被调过程处理中，对形参的任何操作处理都变成了对相应实参的操作，实参的值将会随被调过程对形参的改变而改变，传址调用方式具有双向性。

8.1.6　VBA 程序调试和错误处理

在模块中编写程序代码，不可避免地会发生错误。VBE 提供了程序调试和错误处理的方法。

1．VBA 程序调试

VBE 提供了"调试"菜单和"调试"工具栏，在调试程序时可以选择需要的调试命令或工具对程序进行调试，两者功能相同。

2．错误类型

常见的错误主要有 3 种类型。

1) 编译时错误

编译错误是在编译过程中发生的错误，可能是程序代码结构引起的错误。遗漏了配对的语句(If 和 End If 或 For 和 Next)、在程序设计上违反了 VBA 的规则(拼写错误或类型不匹配等)。编译错误也可能会因语法错误而引起。括号不匹配，给函数的参数传递了无效的数值等，都可能导致这种错误。

2) 运行时错误

程序在运行时发生错误，如数据传递时类型不匹配，数据发生异常和动作发生异常等。Access 2010 系统会在出现错误的地方停下来，并且将代码窗口打开，光标停留在出错行，等待用户修改。

3) 逻辑错误

程序逻辑错误是指应用程序未按设计执行，或得到的结果不正确。这种错误是由于程序代码中不恰当的逻辑设计而引起的。这种程序在运行时并未进行非法操作，只是运行结果不符合预期。这是最难处理的错误。VBA 不能发现这种错误，只有靠用户对程序进行详细分析才能发现。

3．错误处理

前面介绍了许多程序调试的方法，可帮助找出许多错误。但程序运行中的错误，一旦出现将造成程序崩溃，无法继续执行。因此必须对运行时可能发生的错误加以处理。也就是在系统发出警告之前，截获该错误，在错误处理程序中提示用户采取行动，是解决问题还是取消操作。如果用户解决了问题，程序就能够继续执行，如果用户选择取消操作，就可以跳出这段程序，继续执行后面的程序。这就是处理运行时错误的方法，将这个过程称为错误捕获。

1) 激活错误捕获

在捕获运行错误之前，首先要激活错误捕获功能。此功能由 On Error 语句实现。

2) 编写错误处理程序

在捕获到运行时错误后，将进入错误处理程序。在错误处理程序中，要进行相应的处理。例如判断错误的类型，提示用户出错并向用户提供解决的方法，然后根据用户的选择将程序流程返回到指定位置继续执行等。

8.2　上机实验

实验一　创建标准模块实例

【实验目的】

1．了解 VBA 的功能，熟悉 VBE 开发环境。

2．掌握标准模块的创建方法。

3．掌握 VBA 编程的基本方法。

【实验内容】

1．编写程序求 1～200 之内所有奇数之和。

2．编程判断一个数是否是素数。

3．设计一个从 5 个数中取最大数与最小数的程序。

【操作步骤】

1．编程计算奇数和

操作步骤如下：

(1) 打开"学生管理"数据库，进入 VBE 界面，创建标准模块，将模块命名为实训实例；

(2) 在代码窗口的空白区域输入如下程序代码：

```
Private Sub naturalNumberSum()
    Dim IAs Integer, nSum As Integer
    nSum = 0 '将初始变量的值设为 0
    For i = 1 To 200 step 2 'i 为循环变量,步长为 2
nSum = nSum + i
    Next i
    MsgBox"1-200 之间所有奇数的和为： " & Str(oddSum),vbOKOnly+vbInformation,
"输出和"
    End Sub
```

(3) 将光标移动到该过程内部，单击 VBE 工具栏上的 ▷ 按钮运行程序，查看程序运行结果。

2. 编程判断素数

操作步骤如下：

(1) 打开学生管理数据库，进入 VBE 界面，打开模块实训实例；

(2) 在代码窗口的空白区域输入如下程序代码：

```
Private Sub primeNumberSum()
Dim i As Integer, n As Integer, k As Integer
    n = Val(InputBox("请输入一个数: ", "输入数字", 0))
    k = Sqr(n)
     For i = 2 To k
            If n Mod i = 0 Then
                Exit For
            End If
Next i
    If i > k Then
        MsgBox Str(n) + "是素数", vbOKOnly + vbInformation, "素数评定"
    Else
        MsgBox Str(n) + "不是素数", vbOKOnly + vbInformation, "素数评定"
    End If
End Sub
```

(3) 将光标移动到该过程内部，单击 VBE 工具栏上的 ▷ 按钮运行程序，查看程序运行结果。

3. 编程取最大数和最小数

操作步骤如下：

(1) 打开学生管理数据库，进入 VBE 界面，打开模块实训实例；

(2) 在代码窗口的空白区域输入如下程序代码：

```
Private Sub choiseMaxMinNum()
    Dim a(4) As Single '定义数组
    Dim maxNum As Single, minNum As Single
    Dim i As Integer, j As Integer
    For i = 0 To 4
        a(i) = Val(InputBox("请输入第" + Str(i + 1) + "个数: ", "输入数字", 0))
    Next i
    j = 0
    maxNum = a(j)
    minNum = a(j)
    While j <= 4
        If a(j) > maxNum Then
            maxNum = a(j)
        End If
        If a(j) < minNum Then
            minNum = a(j)
```

```
        End If
        j = j + 1
    Wend
    MsgBox "5 个数中最大数是：" + Str(maxNum) + ";最小数是：" + Str(minNum)
End Sub
```

(3) 将光标移动到该过程内部，单击 VBE 工具栏上的 ▷ 按钮运行程序，查看程序运行结果。

实验二　求解一元二次方程

【实验目的】

利用 VBA 程序解决数学问题。

【实验内容】

编程序，求解一元二次方程 $ax^2+bx+c=0$。要求：

(1) 考虑根的所有情况；

(2) 求根时四舍五入，精确到两位小数。

【操作步骤】

略。

实验三　标准模块实训

【实验目的】

掌握用程序解决实际问题的方法。

【实验内容】

1. 递增的牛群：若一头小母牛，从第四年开始每年生一头母牛。按此规律，第 n 年时有多少头母牛。

2. 准备客票：某铁路上共有 10 个车站，问需要准备几种车票。

3. 百马百担问题：有 100 匹马，驮 100 担货，大马驮 3 担，中马驮 2 担，两个小马驮 1 担。问有大、中、小马各多少匹？

【操作步骤】

1. 递增的牛群

操作步骤如下：

(1) 打开学生管理数据库，进入 VBE 界面，打开模块实训实例；

(2) 在代码窗口的空白区域输入如下程序代码：

```
Private Sub addCattle()
    Dim i As Integer '年份
    Dim n As Integer '用户输入的年数
    Dim f As Integer, f1 As Integer, f2 As Integer, f3 As Integer '小母牛
的数量
    n = Int(Val(InputBox("请输入年数：", "输入数字", 0)))
    For i = 1 To n
        If i < 4 Then
            f = 1
            f1 = 1
            f2 = 1
            f3 = 1
        Else
            f = f1 + f3
            f3 = f2
            f2 = f1
            f1 = f
        End If
    Next i
    MsgBox "第" + Str(n) + "年后有" + Str(f) + "头小母牛！"
End Sub
```

(3) 将光标移动到 addCattle 过程内部，单击 VBE 工具栏上的 ▷ 按钮运行程序，查看程序运行结果。

2．准备客票

操作步骤如下：

(1) 打开学生管理数据库，进入 VBE 界面，打开模块实训实例；

(2) 在代码窗口的空白区域输入如下程序代码：

```
Private Sub stationPickets()
  Dim s As Integer '车站数量
    Dim p As Integer '车票种类
    Dim i As Integer, j As Integer
    s = Int(Val(InputBox("请输入车站数：", "输入数字", 0)))
    p = 0
    i = 1
    While i < s
        j = i
        While j < s
            p = p + 2
            j = j + 1
        Wend
        i = i + 1
    Wend
    MsgBox "如果有" + Str(s) + "车站，需要准备" + Str(p) + "种车票！"
End Sub
```

(3) 将光标移动到 stationPickets 过程内部，单击 VBE 工具栏上的 ▷ 按钮运行程序，查看程序运行结果。

3. 百马百担问题

操作步骤略。

实验四　过程调用

【实验目的】
掌握过程声明、调用与参数传递。

【实验内容】
1. 利用过程对输入的 N 个数从大到小排序。

2. 编程序，输入参数 n，m，求组合数 $C_n^m = \dfrac{n!}{m!(n-m)!}$ 的值。要求：编写求阶乘的函数过程，在求组合数时多次调用。

【操作步骤】

1. 用过程实现排序

操作步骤如下：

(1) 打开学生管理数据库，进入 VBE 界面，打开模块实训实例；

(2) 在代码窗口的空白区域输入如下程序代码：

```
Private Sub sort()
    Dim i As Integer, k As Integer
    Dim arrNum() As Integer
    Dim s As String
    s = ""
    k = Int(Val(InputBox("请输入要排序的数字个数N: ", "输入数字", 0)))
    If k > 0 Then
    ReDim arrNum(k) As Integer
        For i = 1 To k
            arrNum(i) = InputBox("请输入一个整数")
            s = s &Str(arrNum(i))
        Next i
        MsgBox "您输入的数字序列是: " & s, vbOKOnly + vbInformation, "信息提示"
        sortNum arrNum(), k '调用子过程
        s = ""
        For i = 1 To k
            s = s &Str(arrNum(i))
        Next i
         MsgBox "排好的数字序列是: " & s, vbOKOnly + vbInformation, "信息提示"
    Else
        MsgBox "您的输入有误，请重新运行程序", vbOKOnly + vbCritical, "错误提示"
    End If
End Sub
Private Sub sortNum(arr() As Integer, s As Integer) '排序子过程
```

```
    Dim m As Integer, n As Integer, t As Integer
    For m = 0 To s - 1
        For n = m + 1 To s
            If arr(m) > arr(n) Then
                t = arr(m)
arr(m) = arr(n)
arr(n) = t
            End If
        Next n
    Next m
End Sub
```

(3) 将光标移动到 sort 过程内部，单击 VBE 工具栏上的 ▷ 按钮运行程序，查看程序运行结果。

2．编写函数过程并调用

操作步骤略。

实验五　类模块

【实验目的】

1．掌握窗体模块和事件过程。

2．了解面向对象的应用程序开发。

【实验内容】

1．设计一个判断闰年的窗体。要求用户输入年份，单击判断按钮，在窗体上显示该年份是否是闰年。

2．设计一个秒表窗体。要求用户第一次单击"开始/停止"按钮，从 0 开始滚动显示计时，用户单击"暂停/继续"按钮，显示暂停，但计时还在继续；若用户再次单击"暂停/继续"按钮，计时继续滚动显示；第二次单击"开始/停止"按钮，计时停止，显示最终时间。若再次单击"开始/停止"按钮，可重新从 0 开始计时。

3．设计一个登录窗体。要求用户输入用户名和密码，若正确，则弹出"欢迎使用"对话框，否则给出错误提示，要求用户重新输入，但最多只能允许 3 次错误。

【操作步骤】

1．判断闰年

操作步骤如下：

(1) 启动 Access 2010；

(2) 在"创建"|"窗体"选项卡上，单击"窗体设计"按钮；

(3) 如图 8-1 所示，创建闰年窗体。窗体左上部有标签控件，其名称属性为 lblYear；标题为"请输入年份："。窗体右上部中有文本框控件，其名称属性为 txtYear。窗体有一个命令按钮，其名称属性为 cmdLeapYear；标题为"是否闰年"。另外窗体右下部有标签控件，其名称属性为 lblYesNO；标题为"是"；并且其可见的属性值为"否"，也就是初次运行窗体时如图 8-1 所示。当输入年份时，如图 8-2 所示，会根据是否闰年来显示"是"或"否"。

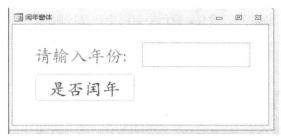

图 8-1　判断闰年窗体

(4) 相关的事件程序如下：

```
Private Sub cmdLeapYear_Click()
    Dim y As Integer
    txtYear.SetFocus
    If txtYear.Text = "" Then
        MsgBox "年份不能为空！"
    Else
        y = Int(Val(txtYear.Value))
        If y <= 0 Then
            MsgBox "请输入正确的年份"
            txtYear.Value = ""
            txtYear.SetFocus
        Else
            If (y Mod 4 = 0 And y Mod 100 <> 0 Or y Mod 400 = 0) Then
                lblYesNO.Visible = True
                lblYesNO.Caption = "是"
            Else
                lblYesNO.Visible = True
                lblYesNO.Caption = "否"
            End If
        End If
    End If
End Sub
```

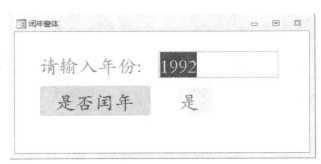

图 8-2　判断闰年结果窗体

2．秒表窗体

操作步骤如下：

(1) 启动 Access 2010；

(2) 在 "创建" | "窗体" 选项卡上，单击 "窗体设计" 按钮；

(3) 如图 8-3 所示，创建秒表窗体。窗体中有两个命令按钮，即 "开始/停止" 按钮 cmdStart 和 "暂停/继续" 按钮 cmdPause，一个显示计时的标签 lblTime；窗体的 "计时器间隔" 设为 100。

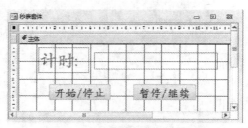

图 8-3　"秒表窗体" 设计视图

(4) 相关的事件程序如下：

```
Option Compare Database
Dim flag As Boolean
Dim pause As Boolean
Private Sub cmdPause_Click()
pause = Not pause
  Me!cmdStart.Enabled = Not Me!cmdStart.Enabled
End Sub
Private Sub cmdStart_Click()
flag = Not flag
    Me!cmdStart.Enabled = True
    Me!cmdPause.Enabled = flag
End Sub
Private Sub Form_Load()
flag = False
pause = False
    Me!cmdStart.Enabled = True
    Me!cmdPause.Enabled = False
    lblTime.Caption = "0.0"
End Sub
Private Sub Form_Timer()
    Static count As Single
        If flag = True Then
            If pause = False Then
                Me!lblTime.Caption = Round(count, 1)
            End If
count = count + 0.1
        Else
count = 0
        End If
End Sub
```

3. 登录窗体

操作步骤如下：

(1) 启动 Access 2010；

(2) 在"创建"|"窗体"选项卡上，单击"窗体设计"按钮；

(3) 如图 8-4 所示，创建登录窗体，窗体中有两个文本框控件，"用户名："文本框 txtUseName 和"密码"文本框 txtPassword，其中将"密码"文本框 txtPassword 的输入掩码设置为"密码"；两个命令按钮，即"确定"按钮 cmdOk 和"取消"按钮 cmdCancel。

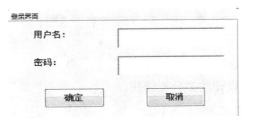

图 8-4 登录窗体

(4) 相关的事件程序如下：

```
Option Compare Database
Private loginTimes As Integer '用户登录的次数
Private Sub cmdCancel_Click()
    DoCmd.Close
End Sub
Private Sub cmdOk_Click()
    If Trim(txtUseName.Value) = "001" Then
        If Trim(txtPassword.Value) = "123456" Then
            MsgBox "欢迎使用！", vbInformation, "成功"
            DoCmd.Close
        Else
            MsgBox "您的密码有误！请重试", vbOKOnly + vbCritical, "错误提示"
            txtPassword.Value = ""
            txtPassword.SetFocus
loginTimes = loginTimes + 1
            If loginTimes > 3 Then
                MsgBox "对不起，登录次数已经超过 3 次", vbOKOnly + vbCritical, "
错误提示"
                DoCmd.Close
            End If
        End If
    Else
        MsgBox "您的用户名有误！请重试", vbOKOnly + vbCritical, "错误提示"
        txtUseName.Value = ""
        txtUseName.SetFocus
loginTimes = loginTimes + 1
        If loginTimes > 3 Then
            MsgBox "对不起，登录次数已经超过 3 次", vbOKOnly + vbCritical, "
错误提示"
```

```
              DoCmd.Close
         End If
    End If
End Sub
Private Sub Form_Load()
loginTimes = 0
End Sub
```

实验六　运输公司的运费计算

【实验目的】

1. 学会用 VBA 解决实际问题；
2. 熟悉 VBA 程序设计的多分支结构。

【实验内容】

运输公司计算运费，路程越远，则每千米运费越低，设计一个窗体，用户输入路程和运费单价，计算出运费。运费标准如下：

路程＜250Km	无折扣
250≤路程＜500Km	2%折扣
500≤路程＜1000Km	5%折扣
1000≤路程＜2000Km	8%折扣
2000≤路程＜3000Km	10%折扣
3000≤路程	15%折扣

【操作步骤】

略。

8.3　习　　题

8.3.1　选择题

1. 在 VBA 中，如果没有显式声明或用符号来定义变量的数据类型，变量的默认数据类型为(　　)。

A. Boolean　　　　　　B. Int　　　　　　　C. String　　　　　D. Variant

2. 在 VBA 中，下列关于过程的描述中正确的是(　　)。

A. 过程的定义可以嵌套，但过程的调用不能嵌套

B. 过程的定义不可以嵌套，但过程的调用可以嵌套

C．过程的定义和过程的调用均可以嵌套

D．过程的定义和过程的调用均不能嵌套

3．VBA 程序的多条语句写在一行中时，其分隔符必须使用的符号是(　　)。

A．冒号　　　　　　B．分号　　　　　　C．逗号　　　　　　D．单引号

4．VBA 中定义符号常量使用的关键字是(　　)。

A．Dim　　　　　　B．Public　　　　　　C．Private　　　　　D．Const

5．下列可作为 VBA 变量名的是(　　)。

A．a&b　　　　　　B．a?b　　　　　　C．4a　　　　　　D．Const

6．在过程定义中有语句：Private Sub GetData(ByRef f As Integer)，其中"ByRef"的含义是(　　)。

A．传值调用　　　　　　　　　　　　B．传址调用

C．形式参数　　　　　　　　　　　　D．实际参数

7．语句 DimNewArray(10) As Integer 的含义是(　　)。

A．定义了一个整形变量且初值为 10　　　B．定义了 10 个整数构成的数组

C．定义了 11 个整数构成的数组　　　　D．将数组的第 10 个元素设置为整型

8．在 VBA 中定义标识符的最大的字符长度是(　　)。

A．255　　　　　　B．64　　　　　　C．128　　　　　　D．100

9．在特定的窗体或报表中包含的过程是(　　)。

A．窗体模块　　　　B．子程序　　　　C．标准模块　　　D．类模块

10．VBA 的逻辑值进行算术运算时，True 值被当作(　　)。

A．0　　　　　　　B．-1　　　　　　C．1　　　　　　D．任意值

11．控件获得焦点所触发的事件是(　　)。

A．Enter　　　　　B．Exit　　　　　C．GotFocus　　　D．LostFocus

12．要显示当前过程中的所有变量及对象的取值，可以利用的调试窗口是(　　)。

A．监视窗口　　　　B．调用堆栈　　　C．立即窗口　　　D．本地窗口

13．下面描述中，符合结构化程序设计风格的是(　　)。

A．使用顺序、选择和重复(循环)3 种基本控制结构表示程序的控制逻辑

B．模块只有一个入口可以有多个出口

C．注重提高程序的存储效率

D．GOTO 语句跳转

14．下列 4 个选项中，不是 VBA 的条件函数的是(　　)。

A．Choose　　　　B．if　　　　　　C．iif　　　　　D．Switch

15．在 Access 中，如果变量定义在模块的过程内部，当过程代码执行时才可见，则这种变量的作用域为(　　)。

A．程序范围　　　　B．全局范围　　　　C．模块范围　　　D．局部范围

16．表达式 Fix(-3.25)和 Fix(3.75)的结果分别是(　　)。

A．-3, 3　　　　　B．-4, 3　　　　　C．-3, 4　　　　　D．-4, 4

17．执行语句：MsgBox "AAAA",vbOKCancel+vbQuetion, "BBBB"，弹出的信息框是(　　)。

A．标题为"BBBB"、框内提示符为"惊叹号"、提示内容为"AAAA"

B．标题为"AAAA"、框内提示符为"惊叹号"、提示内容为"BBBB"

C．标题为"BBBB"、框内提示符为"问号"、提示内容为"AAAA"

D．标题为"AAAA"、框内提示符为"问号"、提示内容为"BBBB"

18．用于获得字符串 S 最左边 4 个字符的函数是(　　)。

A．Left(S,4)　　　B．Left(S,1,4)　　　C．Leftstr(S,4)　　　D．Leftstr(S,1,4)

19．窗体 Caption 属性的作用是(　　)。

A．确定窗体的标题　　　　　　　　B．确定窗体的名称

C．确定窗体的边界类型　　　　　　D．确定窗体的字体

20．下列程数据类型中，不属于 VBA 的是(　　)。

A．长整型　　　B．布尔型　　　C．变体型　　　D．指针型

21．下列数组声明语句中，正确的是(　　)。

A．Dim A[3,4] As Integer　　　　　B．Dim A(3,4) As Integer

C．Dim A[3;4] As Integer　　　　　D．Dim A(3;4) As Integer

22．要将一个数字字符串转换成对应的数值，应使用的函数是(　　)。

A．Val　　　B．Single　　　C．Asc　　　D．Space

23．InputBox 函数的返回值类型是(　　)。

A．数值　　　B．字符串　　　C．变体　　　D．视输入的数据而定

24．下列能够交换变量 X 和 Y 值的程序段是(　　)。

A．Y=X:X=Y　　　　　　　　　　B．Z=X:Y=Z:X=Y

C．Z=X:X=Y:Y=Z　　　　　　　　D．Z=X:W=Y:Y=Z:X=Y

25．下列表达式中,能正确表示条件"x 和 y 都是奇数"的是(　　)。

A．x Mod 2=0 And y Mod 2=0　　　B．x Mod 2=0 Or y Mod 2=0

C．x Mod 2=1 And y Mod 2=1　　　D．x Mod 2=1 Or y Mod 2=1

26．若窗体 Form1 中有一个命令按钮 Cmd1，则窗体和命令按钮的 Click 事件过程名分别为(　　)。

A．Form_Click()　　　Command1_Click()

B．Form1_Click()　　　Command1_Click()

C．Form_Click()　　　Cmd1_Click()

D．Form1_Click()　　　Cmd1_Click()

27．在 VBA 中，能自动检查出来的错误是(　　)。

A．语法错误　　　B．逻辑错误　　　C．运行错误　　　D．注释错误

28．如果在被调用的过程中改变了形参变量的值，但又不影响实参变量本身，这种参数传递方式称为(　　)。

A．按值传递　　　B．按地址传递　　　C．ByRef 传递　　　D．按形参传递

29. 表达式 "B=INT(A+0.5)" 的功能是(　　)。

A. 将变量 A 保留小数点后 1 位　　　　　　B. 将变量 A 四舍五入取整

C. 将变量 A 保留小数点后 5 位　　　　　　D. 舍去变量 A 的小数部分

30. 若变量 i 的初值为 8，则下列循环语句中循环体的执行次数为(　　)。

```
Do While i<=17
  i=i+2
Loop
```

A. 3 次　　　　　　　B. 4 次　　　　　　　C. 5 次　　　　　　D. 6 次

31. 在窗体中有一个命令按钮 cmd1,对应的事件代码如下：

```
Private Sub cmd1_Enter()
    Dim num As Integer
    Dim a As Integer
    Dim b As Integer
    Dim i As Integer
    For i=1 To 10
        num=InputBox("请输入数据：","输入",1)
            If Int(num/2)=num/2 Then
                    a=a+1
            Else
          b=b+1
EndIf
    Nexti
        MsgBox("运行结果:a="&Str( A. &",b="&Str(B. )
End Sub
```

运行以上事件所完成的功能是(　　)。

A. 对输入的 10 个数据求累加和

B. 对输入的 10 个数据求各自的余数，然后再进行累加

C. 对输入的 10 个数据分别统计有几个是整数，几个是非整数

D. 对输入的 10 个数据分别统计有几个是奇数，几个是偶数

32. 在窗体中有一个命令按钮(名称为 Cmd1)，对应的事件代码如下：

```
Private Sub Cmd1_Click( )
    sum=0
    For i=10 To 1 Step -2
     sum=sum+i
    Next i
    MsgBox sum
    End Sub
```

运行以上事件，程序的输出结果是(　　)。

A. 10　　　　　　　B. 30　　　　　　　C. 55　　　　　　D. 其他结果

33. 在窗体中有一个名称为 Cmd2 的命令按钮，单击该按钮从键盘接收学生成绩，如果输入的成绩不在 0～100 分之间，则要求重新输入；如果输入的成绩正确，则进入后续程

序处理。Cmd2 命令按钮的 Click 的事件代码如下：

```
Private Sub Cmd2_Click( )
    Dim flag As Boolcan
    result=0
    flag=True
    Do While flag
     result=Val(InputBox("请输入学生成绩:", "输入"))
     If result>=0 And result <=100 Then
        _____
    Else
       MsgBox"成绩输入错误，请重新输入"
    End If
    Loop
    Rem 成绩输入正确后的程序代码略
End Sub
```

程序中有一空白处，需要填入一条语句使程序完成其功能。下列选项中错误的语句是(　　)。

A．flag=False　　　　　B．flag=Not flag　　　　C．flag=True　　　　D．Exit Do

34．设有如下过程：

```
x=1
    Do
      x=x+2
    Loop Until_____
```

运行程序，要求循环体执行 3 次后结束循环，空白处应填入的语句是(　　)。

A．x<=7　　　　　　B．x<7　　　　　　C．x>=7　　　　　D．x>7

35．在窗体中添加一个名称为 Commandl 的命令按钮，然后编写如下事件代码：

```
Private Sub Commandl_Click()
  MsgBox f(24,18)
EndSub
Public Function f(m As Integer,n As Intege) As Integer
  Do While m<>n
   Do While m>n
    m=m-n
   Loop
   Do While m<n
    n=n-m
   Loop
  Loop
  f=m
End Function
```

窗体打开运行后，单击命令按钮，则消息框的输出结果是(　　)。

A．2　　　　　　　　B．4　　　　　　　　C．6　　　　　　　　D．8

36．窗体中有 3 个命令按钮，分别命名为 Command1、Command2 和 Command3。当

单击 Command1 按钮时，Command2 按钮变为可用，Command3 按钮变为不可见。下列 Command1 的单击事件过程中，正确的是(　　)。

A．private sub Command1_Click()
　　Command2.Visible = true
　　Command3.Visible = false

B．private sub Command1_Click()
　　Command2.Enable = true
　　Command3.Enable = false

C．private sub Command1_Click()
　　Command2.Enable = true
　　Command3.Visible = false

D．private sub Command1_Click()
　　Command2.Visible = true
　　Command3.Enable = false

37．在窗体中有一个文本框 Test1，编写事件代码如下：

```
Private Sub Form_Click()
 X= val(Inputbox("输入 x 的值"))
 Y=1
 If X<>0 Then Y= 2
 Text1.Value = Y
End Sub
```

打开窗体运行后，在输入框中输入整数 12，文本框 Text1 中输出的结果是(　　)。

A．1　　　　　　　B．2　　　　　　　C．3　　　　　　　D．4

38．在窗体中有一个命令按钮 Command1 和一个文本框 Test1，编写事件代码如下：

```
Private Sub Command1_Click()
  For i = 1 To 4
    x = 3
    For j = 1 To 3
    For k = 1 To 2
    x= x + 3
    Next k
    Next j
    Next i
   Text1.Value = Str(x)
End Sub
```

打开窗体运行后，单击命令按钮，文本框 Text1 中输出的结果是(　　)。

A．6　　　　　　　B．12　　　　　　　C．18　　　　　　　D．21

39．在窗体中有一个命令按钮 Command1，编写事件代码如下：

```
Private Sub Command1_Click()
    Dim s As Integer
    s =p(1)+p(2)+p(3)+p(4)
    debug.Print s
End Sub
Public Function p(N AsInteger)
    Dim Sum As Integer
    Sum = 0
    For i = 1 To N
    Sum = Sum + i
```

```
    Next i
    P = Sum
End Function
```

打开窗体运行后，单击命令按钮，输出的结果是(　　)。

A. 15　　　　　　　　B. 20　　　　　　　　C. 25　　　　　　D. 35

40. 窗体中有命令按钮 Command1，事件过程如下：

```
Public Function f(x As Integer) As Integer
    Dim y As Integer
    x=20
    y=2
    f=x*y
End Function
Private Sub Command1_Click()
    Dim y As Integer
    Static x As Integer
    x=10
    y=5
    y=f(x)
    Debug.Print x;y
End Sub
```

运行程序，单击命令按钮，则立即窗口中显示的内容是(　　)。

A. 10 5　　　　　　　B. 10 40　　　　　　　C. 20 5　　　　　D. 20 40

41. 窗体中有命令按钮 Command1 和文本框 Text1，事件过程如下：

```
Function result(ByVal x As Integer)As Boolean
  If x Mod 2=0 Then
    result=True
  Else
    result=False
  End If
End Function
Private Sub Command1_Click()
  x=Val(InputBox("请输入一个整数"))
  If_____ Then
    Text1=Str(x)&"是偶数. "
  Else
    Text1=Str(x)&"是奇数. "
  End If
End Sub
```

运行程序，单击命令按钮，输入 19，在 Text1 中会显示"19 是奇数"，那么在程序的空白处应填写(　　)。

A. result(x)="偶数"　　　　　　　　B. result(x)

C. result(x)="奇数"　　　　　　　　D. NOT result(x)

42. 运行下列程序，输入数据 8、9、3、0 后，窗体中显示结果是(　　)。

```
Private Sub Form_click()
  Dim sum AsInteger,m As Integer
  sum=0
  Do
    m=InputBox("输入 m")
    sum=sum+m
  Loop Until m=0
  MsgBox sum
End Sub
```

A. 0　　　　　　　　B. 17　　　　　　C. 20　　　　　　D. 21

43. 运行下列程序段，结果是(　　)。

```
For m=10 to 1 step 0
  k=k+3
Next m
```

A. 形成死循环　　　　　　　　B. 循环体不执行即结束循环

C. 出现语法错误　　　　　　　D. 循环体执行一次后结束循环

44. 运行下列程序，结果是(　　)。

```
Private Sub Command0_Click()
  f0=1:f1=1:k=1
  Do While k<=5
f=f0+f1
f0=f1
f1=f
k=k+1
Loop
MsgBox "f="&f
End Sub
```

A. f=5　　　　　　　　　　B. f=7

C. f=8　　　　　　　　　　D. f=13

45. 有如下事件程序，运行该程序后输出结果是(　　)。

```
Private Sub Command0_Click()
    Dim x As Integer,y As Integer
    x=1:y=0
    Do Until y<=25
      y=y+x*x
      x=x+1
    Loop
    MsgBox "x="&x&",y="&y
End Sub
```

A. x=1,y=0　　　　　　　　B. x=4,y=25

C. x=5,y=30　　　　　　　　D. 输出其他结果

46. 下列程序的功能是计算 sum=1+(1+3)+(1+3+5)+···+(1+3+5+···+39)

```
Private Sub Command1_Click()
t=0
  m=1
  sum=0
  Do
    t=t+m
    sum=sum+t
    m=_____
  Loop While m<=39
  MsgBox "Sum="&sum
End Sub
```

为保证程序正确完成上述功能，空白处应填入的语句是(　　)。

A. m+1   B. m+2

C. t+1   D. t+2

47. 以下程序执行完后，变量 A 和 B 的值分别是(　　)。

```
    A=1
    B=A
    Do Until A>-5
      A=A+B
      B=B+A
    Loop
```

A. 1,1   B. 4,6   C. 5,8   D. 8,13

48. 假定有如下的 Sub 过程：

```
    Sub sfun(x As Single,y As Single)
      t=x
      x=t/y
      y=t Mod y
    End Sub
```

在窗体上添加一个命令按钮(名为 Command1)，然后编写如下事件过程：

```
Private Sub Command1_Click()
    Dim a as single
    Dim b as single
    a=5
    b=4
    sfun a,b
    MsgBox a&chr(10)+chr(13)&b
End Sub
```

打开窗体运行后，单击命令按钮，消息框的两行输出内容分别为(　　)。

A. 1 和 1   B. 1.25 和 1   C. 1.25 和 4   D. 5 和 4

49. 函数 Right(Left(Mid("Access_DataBase",10,3),2),1)的值是(　　)。

A. a   B. B   C. t   D. 空格

50. 语句 SELECT CASE X 中，X 为一整型变量，下列 CASE 语句中，错误的是(　　)。

A．CASE IS>20　　　B．CASE 1 T0 10　　　C．CASE 2,4,6　　　D．CASE X>10

51．在以下的程序代码

```
For intch=1 to 9
   intch=intch+2
 Next intch
```

循环被执行(　　)次。

A．3　　　　　　　　B．4　　　　　　　C．5　　　　　　　D．6

52．已知程序段：

```
s = 0
For i = 1 To 10 Step 2
   s = s + 1
   i = i * 2
Next i
```

当循环结束后，变量 i 和 s 的值分别为(　　)。

A．10 4　　　　　　　　　　　　　　B．11 3

C．22 3　　　　　　　　　　　　　　D．16 4

53．有下列语句 s=Int(100*RnD)，执行完毕后，s 的值是(　　)。

A．[0,99]的随机整数　　　　　　　　B．[0,100]的随机整数

C．[1,99]的随机整数　　　　　　　　D．[1,100]的随机整数

54．下列逻辑表达式中，能正确表示条件"x 和 y 都是偶数"的是(　　)。

A．x Mod 2=1 Or y Mod 2=1　　　　　B．x Mod 2=0 Or y Mod 2=0

C．x Mod 2=1 And y Mod 2=1　　　　D．x Mod 2=0 And y Mod 2=0

55．在窗体上添加一个命令按钮(名为 Command1)和一个文本框(名为 Text1)，并在命令按钮中编写如下事件代码：

```
Private Sub Command1_Click()
m=2.17
n=Len(Str$(m)+Space(5))
Me!Text1=n
End Sub
```

打开窗体运行后，单击命令按钮，在文本框中显示(　　)。

A．5　　　　　　　　B．8　　　　　　　C．9　　　　　　　D．10

56．在窗体中使用一个文本框(名为 n)接受输入的值，有一个命令按钮 run，事件代码如下：

```
Private Sub run_Click()
result = ""
For i= 1 To Me!n
   For j = 1 To Me!n
      result = result + "*"
   Next j
```

```
result = result + Chr(13) + Chr(10)
Next i
MsgBox result
End Sub
```

打开窗体后，如果通过文本框输入的值为 4，单击命令按钮后输出的图形是(　　)。

A. ＊＊＊＊　　　　　　　B. ＊
＊＊＊＊　　　　　　　　＊＊＊
＊＊＊＊　　　　　　　　＊＊＊＊＊
＊＊＊＊　　　　　　　　＊＊＊＊＊＊＊

C. ＊＊＊＊　　　　　　D. ＊＊＊＊
＊＊＊＊＊＊　　　　　　＊＊＊＊
＊＊＊＊＊＊＊＊　　　　＊＊＊＊
＊＊＊＊＊＊＊＊＊＊　　＊＊＊＊

57. 在窗体中添加一个名称为 Command1 的命令按钮，然后编写如下程序：

```
Public x As Integer
Private Sub Command1_Click()
x=10
Call s1
Call s2
MsgBox x
End Sub
Private Sub s1()
x=x+20
End Sub
Private Sub s2()
Dim x As Integer
x=x+20
End Sub
```

窗体打开运行后，单击命令按钮，则消息框的输出结果为(　　)。

A. 10　　　　　　　　B. 30　　　　　　　　C. 40　　　　　　　　D. 50

58. 在窗体中添加一个名称为 Command1 的命令按钮，然后编写如下程序：

```
Private Sub Commank()
  Dim x As Integer
  x = 10
Call s1(x)
Call s2(x)
MsgBox x
End Sub
Private Sub s1(y As Integer)
y = y + 20
End Sub
Private Sub s2(y As Integer)
y = y + 20
End Sub
```

窗体打开运行后，单击命令按钮，则消息框的输出结果为(　　)。

A．10　　　　　　　B．30　　　　　　　C．40　　　　　　　D．50

59．执行下列语句段后 Y 的值为(　　)。

```
x=3.14
y=Len(Str$(x)+Space(6))
```

A．5　　　　　　　　B．9　　　　　　　　C．10　　　　　　　D．11

60．给定日期 DD，计算该日期当月最大天数的正确表达式是(　　)。

A．Day(DD)

B．Day(DateSerial(Year(DD),Month(DD),day(DD)))

C．Day(DateSerial(Year(DD),Month(DD),0))

D．Day(DateSerial(Year(DD),Month(DD)+1,0))

61．在窗体中添加一个名称为 Command1 的命令按钮，然后编写如下事件代码：

```
Private Sub Command 1_Click()
  Dim a(10,10)
    For m=2 To 4
     For n=4 To 5
       a(m,n)=m*n
Next n
Next m
MsgBox a(2,4)+a(3,5)+a(4,5)
End Sub
```

运行窗体后，单击命令按钮，MsgBox 中应输出(　　)。

A．23　　　　　　　B．33　　　　　　　C．43　　　　　　　D．53

62．若要在子过程 Proc1 调用后返回两个变量的结果，下列过程定义语句中有效的是(　　)。

A．Sub Procl(n，m)　　　　　　　　B．Sub Procl(ByVal n，m)

C．Sub Procl(n，ByVal m)　　　　　D．Sub Procl(ByVal n，ByVal m)

63．VBA 中用实际参数 m 和 n 调用过程 f(a,B)的正确形式是(　　)。

A．f a,b　　　　B．Call f(a,B)　　　　C．Call f(m,n)　　　D．Call f m,n

64．下列 Case 语句中错误的是(　　)。

A．Case 0 To10　　　　　　　　　　B．Case Is>10

C．Case Is>10 And Is<50　　　　　　D．Case 3，5 Is>10

65．在窗体中添加了一个文本框和一个命令按钮(名称分别为 tText 和 bCommanD)，并编写了相应的事件过程。运行此窗体后，在文本框中输入一个字符，则命令按钮上的标题变为"计算机等级考试"。以下能实现上述操作的事件过程是(　　)。

A．Private Sub bCommmand CliCk()　　　B．Private SubbtText_CliCk()

Caption="计算机等级考试"　　　　　　　BCommand．Caption="计算机等级考试"

End Sub　　　　　　　　　　　　　　　End Sub

C. Private Sub bCommmand_Change()　　　　D. Private Sub tText_Change()

　　Caption="计算机等级考试"　　　　　　　　BCommand．Caption="计算机等级考试"

　　End Sub　　　　　　　　　　　　　　　　End Sub

66．下列可以得到"4*5=20"，结果的 VBA 表达式是(　　)。

A. "4*5"&"="&4*5　　　　　　　　　　　　B. "4*5"+"="+4*5

C. 4*5&"="&4*5　　　　　　　　　　　　　D. 4*5+"="+4*5

8.3.2　填空题

1．VBA 中定义符号常量使用的关键字是_____。

2．模块有两种基本类型_____和_____。

3．VBA 中要将数值表达式的值转换为字符串，应使用函数_____。

4．用户定义的数据类型可以用_____关键字说明。

5．在 VBA 中变体类型的类型标识是_____。

6．在使用 Dim 语句定义数组时，在默认情况下数组下标的下限为_____。

7．Int(-3.25)的结果是_____。

8．在 VBA 编程中检测字符串长度的函数名是_____。

9．VBA 程序的多条语句可以写在一行中，其分隔符必须使用符号_____。

10．VBA 中使用的 3 种选择函数是_____、_____和_____。

11．设 a=2,b=3，则表达式 a>b 的值是_____。

12．For…Next 循环是一种_____确定的循环。

13．在模块中编辑程序时，当某一条命令呈红色时，表示该命令_____。

14．为增强程序的可读性，可以在程序中加入注释，方法是使用一个_____或者用 Rem。

15．某一窗体中有一名称为 Lab1 的标签，Me.lab1.Visible=false，表示此标签处于_____。

16．把数组的下标是设置为从 1 开始的语句是_____。

17．直接在属性窗口设置对象的属性，属于"静态"设置方法，在代码窗口中由 VBA 代码设置对象的属性叫做"_____"设置方法。

18．在 VBA 中要判断一个字段的值是否为 Null，应该使用的函数是_____。

19．在模块的说明区域中，用_____关键字说明的变量是模块范围的变量；而用_____或_____关键字说明的变量是属于全局范围的变量。

20．VBA 的有参过程定义，形参用_____说明，表明该形参为传值调用；形参用 ByRef 说明，表明该形参为_____。

21．On Error Goto 0 语句的含义是_____。

22．On Error Resume Next 的语句含义是_____。

23．VBA 中，函数 InputBox 的功能是_____；_____函数的功能是显示消息信息。

24．在 VBA 中打开窗体的命令是＿＿＿＿。

25．BA 的逻辑值在表达式中进行运算时，True 值被当作＿＿＿＿、False 值被当作＿＿＿＿处理。

26．VBA 编程中，要得到[25,85]之间的随机整数可以用表达式＿＿＿＿。

27．要将宏转化为模块，要用"文件"菜单下的＿＿＿＿命令。

28．以下程序段运行结束后，变量 x 的值为＿＿＿＿。

```
x=2
y=4
    Do
x=x*y
y=y+1
    Loop While y<4
```

29．调用子过程 GetAbs 后，消息框中显示的内容为＿＿＿＿。

```
Sub GetAbs( )
 Dim x
 x=-5
  If x>O Then
x=x
Else
      x=-x
 End If
    MsgBox x
End Sub
```

30．运行子过程 TestParm，在立即窗口中的输出结果为＿＿＿＿。

```
Sub TestParm( )
Dim str As String
Call SubParm(str)
 Debug.Print str
End Sub
Sub SubParm(ByRef pstr As String)
pstr="China"
End Sub
```

31．设有以下窗体打开事件过程：

```
Private Sub Form_Open(Cancel As Integer)
Dim a As Integer,i As Integer
a=1
      For i=l TO 3
Select Case  i
 Case 1,3
a=a+1
 Case 2,4
a=a+2
End Select
```

```
Next i
    MsgBox a
End Sub
```

选中该窗体打开，即运行后，消息框的输出内容是_____。

32. 在窗体中有一个名为 Command1 的命令按钮，Click 事件的代码如下：

```
PrivateSubCommand1_Click()
    f=0
For  n=1  To  10  Step  2
  f=f+n
  Next  n
Me!Lb1.Caption=f
End  Sub
```

单击命令按钮后，标签显示的结果是_____。

33. 在窗体中有一个名为 Command0 的按钮，Click 事件的代码如下：

```
Private  Sub  Command0_Click()
    max=0
    max_n=0
    For  i=1  To  10
    num=Val(InputBox("请输入第"&i&"个大于 0 的整数："))
      If(num>max)  Then
        max=_____
        max_n=_____
      EndIf
    Nexti
  MsgBox("最大值为第"&max_n&"个输入的"&max)
End  Sub
```

该事件所完成的功能是：接受从键盘输入的 10 个大于 0 的整数，找出其中的最大值和对应的输入位置。请依据上述功能要求将程序补充完整。

34. 在窗体中添加一个名称为 Command1 的命令按钮，然后编写如下事件代码：

```
    Private Sub Command1_Click( )
      Dim x As Integer, y As Integer
      x=12 : y=32
      Call p(x,y)
      MsgBox x*y
    End Sub
    Public Sub p(n As Integer, ByVal m As Integer)
      n=n Mod 10
      m=m Mod 10
    End Sub
```

窗体打开运行后，单击命令按钮，则消息框的输出结果为_____。

35. 已知数列的递推公式如下：

f(n)=1   当 n=0,1 时

f(n)=f(n-1)+f(n-2)   当 n>1 时

则按照递推公式可以得到数列：1, 1, 2, 3, 5, 8, 13, 21, 34, 55, …。现要求从键盘输入 n 值，输出对应项的值。例如当输入 n 为 8 时，应该输出 34。程序如下，请补充完整。

```
Private Sub runl1_Click( )
  f0=1
  f1=1
  num=Val(InputBox("请输入一个大于 2 的整数:"))
  For n=2 To_____
   f2=_____
   f0=f1
   f1=f2
   Next n
 MsgBox f2
End Sub
```

36．子过程 Test 显示一个如下所示 4×4 的乘法表。

1*1=1　1*2=2　1*3=3　1*4=4

2*2=4　2*3=6　2*4=8

3*3=9　3*4=12

4*4=16

请在空白处填入适当的语句使子过程完成指定的功能。

```
Sub Text()
  Dim i,j As Integer
  For i=1To4
    For j=1 To 4
     If_____ Then
       Debug.Prrint I&"*"&j&"="&i*j&Space(2)
     End If
   Next j
    Debug.Print
  Next i
End Sub
```

37．窗体中有两个命令按钮："显示"(控件名为 cmdDisplay)和"测试"(控件名为 cmdTest)。当单击"测试"按钮时，执行的事件功能是：首先弹出消息框，若单击其中的"确定"按钮，则隐藏窗体上的"显示"按钮；否则直接返回到窗体中。请在空白处填入适当的语句，使程序可以完成指定的功能。

```
PrivateSubcmdTest Click( )
  Answer=_____("隐藏按钮？ ", vbOKCancel+vbQuestion,"Msg")
  If Answer=vbOK Then
  Me!cmdDisplay.Visible=_____
  End If
End Sub
```

38．当文本框中的内容发生了改变时，触发的事件名称是_____。

39．在窗体中有两个文本框分别为 Text1 和 Text2，一个命令按钮 Command1，编写如下两个事件过程：

```
Private Sub Command1_Click( )
  a=Text1.Value + Text2.Value
  MsgBox a
End Sub
Private Sub Form_Load( )
  Text1.Value =""
  Text2.Value =""
End Sub
```

程序运行时，在文本框 Text1 中输入 78，在文本框中 Text2 输入 87，单击命令按钮，消息框中输出的结果为_____。

40．某次大奖赛有 7 个评委同时为一位选手打分，去掉一个最高分和一个最低分，其余 5 个分数的平均值为该名参赛者的最后得分。请填空完成规定的功能。

```
Sub command1_click( )
    Dim mark!,aver!,i%,max1!,min1!
    aver = 0
    For i = 1 To 7
      Mark = InputBox("请输入第"&i&"位评为的打分")
      If i = 1 then
        max1 =mark : min1=mark
      Else
        If mark < min1 then
      min1= mark
  ElseIf mark> max1 then
    _____
    End If
    End If

    _____
    Next i
    aver = (aver - max1- min1)/5
    MsgBox aver
End Sub
```

41．下列程序的功能是求方程：$x^2+y^2=1000$ 的所有整数解。请在空白处填入适当的语句，使程序完成指定的功能。

```
    Private Sub Command1_Click()
    Dim x as integer,y as integer
    For x= -34 To 34
    For y= -34 To 34
    If_____Then
Debug.Print x,y
    End If
      Next y
    Next x
    End Sub
```

42．下列程序的功能是求算式：1+1/2! +1/3!+1/4!+…前 10 项的和(其中 n!的含义是 n

的阶乘)。请在空白处填入适当的语句,使程序完成指定的功能。

```
Private Sub Commandl_Click()
    Dim i as integer,s as single,a as single
    a=1:s=0
    For i=1 To 10
       a=_____
       s=s+a
    Next i
    Debug.Print "1+1/2!+1/3!+ …=";s
End Sub
```

43．执行语句 St=InputBox("请输入字符串","字符串对话框","aaaa"),当用户输入字符串"bbbb",单击 OK 按钮后,变量 St 的内容是_____。

44．运行下列程序,输入如下两行:

```
Hi,
I am here.
```

弹出的窗体中的显示结果是_____。

```
Private Sub Command11_Click()
Dim abc As String, sum As string
sum=""
Do
  abc=InputBox("输入 abc")
  If Right(abc,1)="." Then Exit Do
  sum=sum+abc
Loop
MsgBox sum
End Sub
```

45．运行下列程序,窗体中的显示结果是: x=_____。

```
Option Compare Database
Dim x As Integer
Private Sub Form_Load()
x=3
End Sub
Private Sub Command11_Click()
  Static a As Integer
  Dim b As Integer
  b=x^2
  fun1 x,b
  fun1 x,b
  MsgBox "x="&x
End Sub
Sub fun1(ByRef y As Integer,ByVal z As Integer)
  y=y+z
  z=y-z
End Sub
```

8.3.3　简答题

1．"模块"和"宏"相比有什么优势？

2．VBA 和 VB 有什么联系和区别？

3．什么是类模块和标准模块？它们的特征是什么？

4．在面向对象的程序设计中，什么是对象、属性、方法和事件？

5．在 Access 中执行 VBA 代码有哪几种方式？

6．Me 关键字有什么作用？

7．常见的程序控制语句有哪些？

8．什么叫作"事件过程"？它有什么作用？

9．窗口有哪些事件？发生的顺序是什么？

10．为什么要声明变量？未经声明而直接使用的变量是什么类型？

11．什么是变量的作用域和生存期？它们是如何分类的？

12．什么是形参和实参？过程中参数的传递有哪几种？它们之间有什么不同？

13．在调试程序时，在 VBE 环境中提供哪些查看变量值的方法以及如何查看？

第9章 综合实验

运用 Access 所学功能，独立完成具有一定实际意义，且能解决一个具体问题的综合实验。以下给出 3 个具体的综合实验，供读者参考。

9.1 Access 在客户管理中的应用

Access 2010 自带的"罗斯文"，其实就是一个功能相当完备的客户管理系统。本实验是以"罗斯文"客户管理系统作为参考，创建一个简单的客户管理系统。该系统主要由导航主页、客户资料管理、订单管理等各部分组成。

【实验目的】

通过使用 Access 创建一个简单的客户管理系统，进一步学习表、查询、窗体、报表等数据库对象在数据库程序中的作用；进一步体会数据库系统开发的步骤，了解客户管理系统的一般功能组成。

【实验要点】

了解客户管理系统的概念；系统的功能设计；系统的模块设计；表的字段设计；表关系的建立；查询的设计；窗体的创建；报表的创建；宏命令和 VBA 代码的创建；系统的调试；系统的运行与应用。

【实验内容】

9.1.1 系统功能分析与开发要点

1. 系统功能目标

本实验主要学习基于 Access 数据库开发的企业客户管理系统。通过该系统，公司可以对客户进行管理，记录各个客户的订单信息、产品信息等。系统的主要功能如下：

- 用户登录：只有经过身份认证的用户，才可以登录该系统，并进行资料的查看和更新。
- 客户资料的管理：可以利用该功能，实现对客户信息的查看、添加和删除等操作。
- 客户订单的管理：可以利用该功能，实现对客户订单的管理。可以在该功能模块中查看客户订单，同时可以添加新的客户订单、删除订单等。

- 运货商的管理：在接受客户订单以后，公司必须及时将货物发送给客户，运货商在这个过程中发挥着重要的作用，因此还必须对各个运货商进行管理。
- 采购订单管理：用户可以利用该功能对产品的买入进行管理，进行产品采购订单的查看、添加、删除等操作。

2. 系统开发要点

通过本实验，理解数据表的结构，掌握各数据表之间的关系；熟悉查询和窗体的设计；对客户管理系统有比较清楚的了解，从而开发出完整的客户管理系统。

9.1.2　系统需求分析与设计

在现代商业活动中，客户资料的管理正在变得越来越重要。一个公司赖以生存和发展的基础就是要有客户资源。通过准确的客户资料管理，能够使公司清晰地掌握各种客户现在的需求信息，建立良好的客户关系，树立良好的企业信誉等。

客户管理系统，将所有的客户信息和客户订单信息电子化，使得企业从原来烦琐的客户关系管理工作中解脱出来，提高了企业的响应速度，从而可以大大降低企业的运行成本。

1. 需求分析

每一个企业都有自己的不同需求，即使有同样的需求也很可能有不同的工作习惯，因此在开发程序之前，和企业进行充分的沟通和交流，了解需求是十分重要的。假设用户的需求主要有以下内容：

(1) 客户管理系统能够对企业当前的客户状况进行记录，包括客户资料、供应商资料、客户订单、采购订单等。

(2) 客户管理系统应该能够对企业员工的客户变更情况进行查询。

(3) 客户管理系统能够根据设定的查询条件，对客户订单、采购订单等进行查询。

(4) 客户管理系统应当实现对订单、采购订单等的动态管理，比如将"新增"状态的订单变为"已发货"状态等。

2. 模块设计

了解了企业的客户管理需求以后，就可以设计程序的功能目标了。只有明确系统的具体功能目标，设计好各个功能模块，才能在以后的程序开发过程中事半功倍。

根据前述需求分析，可能将该系统的功能分为功能模块，每个模块根据实际情况又可以包含不同的功能：

- 用户登录模块：在该模块中，通过登录窗口，实现对用户身份的认证。只有合法的用户才能对系统中的各种客户信息和订单信息进行查看和修改。
- 客户资料管理模块：客户资料是该客户管理系统的核心功能之一，通过将各种客户资料电子化，方便用户快速地查找各种客户信息。在该模块中，可以实现对客户资料的查看、编辑和修改等。

- 客户订单管理模块：客户订单是企业生存的关键。在该模块中，可以对企业的各种订单进行记录，将各种订单规范化，从而方便管理和查询，并将新增的订单尽快处理和发货，确保企业的信誉。
- 运货商管理模块：该模块比较简单，就是能够将各个订单的运货商进行管理，实现对各个订单的追踪。
- 采购订单模块：产品的采购管理也是相当重要的一部分。无论生产型企业还是销售型企业，都涉及上游供应商对企业的供货。通过该采购订单管理模块，可以随时查看数据库中采购订单的状态、数量，对采购订单进行添加、删除等操作。

9.1.3 数据库的结构设计

明确功能目标以后，首先就要设计合理的数据库。

数据库的设计包括数据表的结构设计与表关系的设计。

数据表作为数据库中其他对象的数据源，表结构设计的好坏直接影响到数据库的性能，也直接影响整个系统设计的复杂程度。因此，表的设计既要满足需求，又要具有良好的结构。

具有良好表关系的数据表，在系统开发过程中更是相当重要的。

1. 数据表结构需求分析

表就是特定主题的数据集合，它将具有相同性质的数据存储在一起。按照这一原则，根据各个模块所要求的各种具体功能，来设计各个数据表。

在本系统中，初步设计 11 张数据表，各表存储的信息如下。

(1) "采购订单"表：该表中主要存放各采购订单的记录，比如采购订单 ID、采购时间、货物的运费等。

(2) "采购订单明细"表：该表中主要存储采购订单的产品信息。因为一个采购订单中可以有多个产品，因此建立此明细表记录各个订单采购的产品、数量、单价等。

(3) "采购订单状态"表：该表中存放采购订单的状态信息，用来标识该采购订单是新增的、已批准的还是已经完成并关闭的。

(4) "产品"表：用以记录该公司经营的产品，比如产品的名称、简介、单位、单价等。

(5) "订单"表：该表中主要存放各订单的订货记录，比如订单 ID、订购日期、承运商等。

(6) "订单明细"表：该表中主要存放关于特定订单的产品信息。因为一个订单中可以有多个产品，因此建立此明细表记录各个订单的产品、数量、单价等信息。

(7) "订单状态"表：该表中用以记录各个订单的状态，用以表示该订单是新增的、已发货的还是已经完成关闭的。

(8) "供应商"表：该表中存放了公司上游的供应商信息，比如公司的联系人姓名、电话、公司简介等。

（9）"客户"表：该表中存放了公司的客户信息，是实现客户资料管理的关键表。表中记录的内容有客户联系人姓名、电话、公司简介等。

（10）"用户密码"表：该表中主要存放系统的管理员或系统用户的信息，是实现用户登录模块的后台数据源。

（11）"运货商"表：该表中主要存放了为该公司承担货物运送任务的各个物流商的信息，比如公司名称、联系人等。

2. 数据表字段结构设计

明确了各个数据表的主要功能以后，下面开始进行数据表字段的详细设计。

1）构造空数据库系统

在设计数据表之前，需要先建立一个数据库，然后在数据库中创建表、窗体、查询等数据库对象。

使用 Access 创建名为"客户管理系统"的空白数据库，并保存于指定目录。

2）数据表字段结构设计

在创建数据库以后，就可以设计数据表了。数据表是整个系统中存储数据的唯一对象，它是所有其他对象的数据源，表结构的设计直接关系着数据库的性能。

下面来设计系统中用到的表 9-1～表 9-11 共 11 个数据表的结构。步骤如下：

创建"表"，单击"视图"按钮的下拉按钮，在弹出的选项列表中选择"设计视图"选项；在弹出的"另存为"对话框的"表名称"文本框中输入表名，并单击"确定"按钮，进入表的"设计视图"。在表的"设计视图"中进行表字段的设计。

表 9-1　"采购订单"表

字段名	数据类型	字段宽度	主键
采购订单 ID	数字	长整型	是
供应商 ID	数字	长整型	否
提交日期	日期/时间	短日期	否
创建日期	日期/时间	短日期	否
状态 ID	数字	长整型	否
运费	货币	自动	否
税款	货币	自动	否
付款日期	日期/时间	短日期	否
付款额	货币	自动	否
付款方式	文本	50	否
备注	备注	无	否

注：为确保记录输入的正确，可以给该表中的日期/时间类型的字段加上有效性规则。例如，给"创建日期"字段创建的有效性规则为">=#1990/1/1#"（日期值必须大于 1990-1-1），并设置记录默认值为"now()"。

表 9-2　"采购订单明细"表

字段名	数据类型	字段宽度	主键
ID	自动编号	长整型	是
采购订单 ID	数字	长整型	否
产品 ID	数字	长整型	否
数量	数字	小数	否
单位成本	货币	自动	否
接收日期	日期/时间	短日期	否

　　注：在该表的设计过程中，要确立一个概念，即平常创建的表，"设计视图"中的字段名将成为"数据表视图"中的列名，而通过"字段属性"网格中的"标题"行，可以设定在"数据表视图"中显示的列名。将"产品 ID"字段设定标题为"产品"，这样在"数据表视图"中就能显示"产品"，而不是"产品 ID"了。

表 9-3　"采购订单状态"表

字段名	数据类型	字段宽度	主键
状态 ID	数字	长整型	是
状态	文本	50	否

表 9-4　"产品"表

字段名	数据类型	字段宽度	主键
ID	自动编号	长整型	是
产品代码	文本	25	否
产品名称	文本	50	否
说明	备注	无	否
单价	货币	自动	否
单位数量	文本	50	否

表 9-5　"订单"表

字段名	数据类型	字段宽度	主键
订单 ID	数字	长整型	是
客户 ID	数字	长整型	否
订购日期	日期/时间	短日期	否
到货日期	日期/时间	短日期	否
发货日期	日期/时间	短日期	否
运货商 ID	数字	长整型	否
运货费	货币	自动	否
付款日期	日期/时间	短日期	否

(续表)

字段名	数据类型	字段宽度	主键
付款额	货币	自动	否
付款方式	文本	50	否
状态 ID	数字	长整型	否
备注	备注	无	否

表 9-6　"订单明细"表

字段名	数据类型	字段宽度	主键
ID	自动编号	长整型	是
订单 ID	数字	长整型	否
产品 ID	数字	长整型	否
数量	数字	小数	否
单价	货币	自动	否
折扣	数字	双精度型	否

注：要给该数据表中的"折扣"字段设置有效性规则"<=1 and >=0"，以保证设定的折扣值在有效的范围之内。

表 9-7　"订单状态"表

字段名	数据类型	字段宽度	主键
状态 ID	数字	长整型	是
状态名	文本	50	否

表 9-8　"供应商"表

字段名	数据类型	字段宽度	主键
ID	自动编号	长整型	是
公司	文本	50	否
联系人	文本	50	否
职务	文本	50	否
电子邮件地址	文本	50	否
业务电话	文本	25	否
住宅电话	文本	25	否
移动电话	文本	25	否
传真号	文本	25	否
地址	备注	无	否
城市	文本	50	否

(续表)

字段名	数据类型	字段宽度	主键
省/市/自治区	文本	50	否
邮政编码	文本	15	否
国家/地区	文本	50	否
主页	超链接	无	否
备注	备注	无	否
附件	附件	无	否

表 9-9　"客户"表

字段名	数据类型	字段宽度	主键
ID	自动编号	长整型	是
公司	文本	50	否
联系人	文本	50	否
职务	文本	50	否
电子邮件地址	文本	50	否
业务电话	文本	25	否
住宅电话	文本	25	否
移动电话	文本	25	否
传真号	文本	25	否
地址	备注	无	否
城市	文本	50	否
省/市/自治区	文本	50	否
邮政编码	文本	15	否
国家/地区	文本	50	否
主页	超链接	无	否
备注	备注	无	否
附件	附件	无	否

表 9-10　"客户密码"表

字段名	数据类型	字段宽度	主键
用户 ID	自动编号	长整型	是
用户名	文本	20	否
密码	文本	20	否

注：为了保密性的需要，可以给"密码"字段中的值添加掩码。在"密码"字段的"字段属性"区域中单击"掩码"属性行右边的省略号按钮，即可弹出"输入掩码向导"对话框；设置"输入掩码"为"密码"。

表 9-11　"运货商"表

字段名	数据类型	字段宽度	主键
ID	自动编号	长整型	是
公司	文本	50	否
联系人	文本	50	否
职务	文本	50	否
电子邮件地址	文本	50	否
业务电话	文本	25	否
住宅电话	文本	25	否
移动电话	文本	25	否
传真号	文本	25	否
地址	备注	无	否
城市	文本	50	否
省/市/自治区	文本	50	否
邮政编码	文本	15	否
国家/地区	文本	50	否
主页	超链接	无	否
备注	备注	无	否
附件	附件	无	否

3. 数据表的表关系设计

数据表中按主题存放了各种数据记录。在使用时，用户从各个数据表中提取出一定的字段进行操作。(事实上，这就是关系型数据库的工作方式)

要保证数据库里各个表格之间的一致性和相关性，就必须建立表之间的关系(Access 作为关系型数据库，支持灵活的关系建立方式)。因此，用户在"客户管理系统"数据库中完成数据表字段设计后，就需要再建立各表之间的表关系。(在建立表的关系之前，必须首先为表建立主键。表关系的建立，实际上是一张表的主键和另一张相关表之间的联系)步骤如下：

(1) 切换到"数据库工具"选项卡，并单击"关系"组中的"关系"按钮，即可进入该数据库"关系"视图；在"关系"视图中右击，在弹出的快捷菜单中选择"显示表"命令，或直接单击"关系"组中的"显示表"按钮；在弹出的"显示表"对话框中，依次选择所有的数据表，单击"添加"按钮，将所有数据表添加进"关系"视图。

(2) 以第一个表关系的创建为例，选择"采购订单"表中的"采购订单ID"字段，按下鼠标左键不放，并将其拖放到"采购订单明细"表中的"采购订单ID"字段上，释放鼠标左键，系统显示"编辑关系"对话框；选中"实施参照完整性"复选框，以保证在"采购订单明细"表中登记的"采购订单ID"记录都存在于"采购订单"表中；单击"创建"

按钮，创建一个一对多的表关系，如表 9-12 所示。

表 9-12 一对多的表关系

表名	字段名	相关表名	字段名
采购订单状态	状态 ID	采购订单	状态 ID
产品	ID	采购订单明细	产品 ID
订单	订单 ID	订单明细	订单 ID
订单状态	状态 ID	订单	状态 ID
供应商	ID	采购订单	供应商 ID
客户	ID	订单	客户 ID
运货商	ID	订单	运货商 ID

(3) 建立关系后，可以在"关系"视图中预览所有的关联关系；单击"关闭"按钮，系统弹出提示保存布局的对话框，单击"是"按钮，保存"关系"视图的更改。

9.1.4 窗体的实现

窗体对象是直接与用户交流的数据库对象。窗体作为一个交互平台、一个窗口，用户通过它查看和访问数据库，实现数据的输入等。

在"客户管理系统"中，根据设计目标，需要建立多个不同的窗体，比如要实现功能导航和提醒的"主页"窗体，还有实现用户登录的"登录"窗体，以及"添加客户信息""客户详细信息""客户列表""添加客户订单""添加采购订单""客户订单""公司采购订单"等窗体。步骤如下：

单击"创建"选项卡下"窗体"组中的"窗体设计"按钮，Access 即新创建一个窗体并进入窗体的"设计视图"；可依次添加窗体标题(单击"页眉/页脚"组中的"标题"按钮)，添加系统徽标(单击"徽标"按钮)，设置主体背景颜色(在主体区域中右击，在弹出的快捷菜单中选择"填充/背景色"选项)，添加按钮(单击"控件"组中的"按钮"控件，并在窗体主体区域中单击)。

注：创建的查询窗体是静态的，仅仅是一个界面。必须给窗体建立查询支持，才能实现输入参数后进行查询的操作。

1. 设计"登录"窗体

"登录"窗体是"登录"模块的重要组成部分。设计一个既具有足够的安全性又美观大方的"登录"窗体，是非常必要的。步骤如下：

在"创建"选项卡中选择"窗体"组中的"其他窗体"下拉列表框中的"模式对话框"选项；出现的空白窗体上已有"确定""取消"两个按钮；调整窗体布局，并在窗体上添加几个控件。如表 9-13 所示为"登录"窗体。

表 9-13　"登录"窗体

控件类型	控件名称	属性	属性值
标签	Label1	标题	客户管理系统-登录
标签	用户名	标题	用户名:
标签	密码	标题	密码:
文本框	Username		
文本框	Password	输入掩码	密码
按钮	Ok	标题	确定
按钮	Cancel	标题	取消

2. "主页"窗体的设计

"主页"窗体是整个客户管理系统的入口,主要起功能导航的作用。系统中的各个功能模块在该导航窗体中都建立了链接,当用户单击该窗体中的链接时,即可进入相应的功能模块。

在该企业管理系统的主页导航窗体中,采用简单的按钮式导航,即通过在窗体上放置各个导航按钮实现功能导航。步骤如下:

(1) 在"创建"选项卡下"窗体"组中的"窗体设计"按钮,新建一个"宽度"为 14 厘米,"主体"区域"高度"为 7.5 厘米的窗体,"窗体页眉"区域高度为 1.9 厘米的空白窗体;

(2) 设置页眉区域,添加窗体的标题为"客户管理系统",并为"窗体页眉"区域添加背景图片和徽标,设置"主体"区域的"背景色";

(3) 在窗体的主体区域左侧添加矩形框 box1,作为放置导航按钮的区域,背景颜色可设置为白色;

(4) 在矩形框中添加"添加新客户""查看客户信息""新客户订单""查看客户订单""新采购订单""查看采购订单""用户管理",以及"退出系统"按钮。

3. 创建"添加客户信息"窗体

用户利用该窗体,可以轻松实现客户资料的输入工作。例如,以"客户"表为数据源,建立"添加客户信息"窗体,并将该窗体设置为弹出式窗体。步骤如下:

在"创建"选项卡中,单击"窗体"组中的"窗体向导"选项,弹出"窗体向导"对话框;在"表/查询"下拉列表框中选择"表: 客户"选项,将"可用字段"列表框中的所有字段添加到右边"选定字段"列表框中;单击"下一步"按钮,选中"纵栏表"单选按钮;单击"下一步"按钮,输入窗体标题为"添加客户信息",并选中"打开窗体查看或输入信息"单选按钮;单击"完成"按钮,完成窗体的创建。

4. 创建"客户详细信息"窗体

要设计的"客户详细信息"窗体和已经设计的"添加客户信息"窗体的样式是一样的，只是前者主要用于查看信息，而后者主要用于添加信息。因此，可以直接复制"添加客户信息"窗体。步骤如下：

(1) 在导航窗格中右击"添加客户信息"窗体，在弹出的快捷菜单中选择"复制"命令；

(2) 在导航窗格空白处右击，在弹出的快捷菜单中选择"粘贴"命令；在弹出的"粘贴为"对话框中将窗体另存为"客户详细信息"，并单击"确定"按钮，即完成该窗体的创建；

(3) 为增强用户的方便性，可以给该窗体的下方添加一组导航按钮来实现记录导航作用：第一项、上一个、下一个、最后一项。

5. 创建"客户列表"窗体

上面创建的"客户详细信息"窗体有一个很大的缺点，就是在这种窗体中只能查看一个客户信息，不能够同时查看多个记录。因此，可以建立一个"客户列表"窗体，用以在一个页面中查看多个客户信息。

利用数据库的自动创建窗体的功能创建一个分割窗体。在该窗体的下部，以数据表窗体的形式显示各个客户的记录；在该窗体的上部，以普通窗体的形式显示窗体的重要信息。再在该"客户列表"窗体中添加一个命令按钮，如果用户单击该按钮，则会弹出"客户详细信息"窗体，以查看客户数据。步骤如下：

(1) 在导航窗格中双击打开"客户"表；

(2) 在"创建"选项卡下，单击"窗体"组中的"其他窗体"旁的下拉按钮，在弹出的菜单中选择"分割窗体"选项，系统自动根据"客户"表创建了一个"客户"分割窗体。

6. 创建"添加客户订单"窗体

利用 Access 的自动创建窗体功能，以"订单"表为数据源，创建用于接受添加订单的窗体。步骤如下：

(1) 在导航窗格中双击打开"订单"表；

(2) 单击"创建"选项卡下"窗体"组中的"窗体"按钮，Access 自动为用户创建一个包含有子数据表的窗体。

7. 创建"添加采购订单"窗体

方法同上。使用"采购订单"表创建"添加采购订单"窗体。

8. 创建数据表窗体

需要在"客户管理系统"中创建"订单""采购订单""订单明细""采购订单明细"等 4 个数据表窗体，以作为其他窗体的子窗体。

下面以建立"订单"数据表窗体为例，步骤如下：

在导航窗格中打开"订单"表，然后单击"创建"选项卡下"窗体"组中的"其他窗体"选项，在弹出的下拉菜单中选择"数据表"选项，创建一个数据表窗体。

另外 3 个数据表窗体的创建方法相同。

9. 创建"客户订单"窗体

利用拖动窗体和字段的方法，建立"客户订单"窗体。该窗体主要用来查看一个客户的主要信息及该客户的相关订单。步骤如下：

(1) 单击"创建"选项卡下"窗体"组中的"空白窗体"，建立一个空白窗体；

(2) 单击"设计"选项卡下的"添加现有字段"，弹出"字段列表"；将"字段列表"窗格中"客户"表中的选定字段"公司 ID、公司名称、联系人、业务电话、电子邮件、公司地址、邮政编码"拖动到空白窗体中，并调整美化；

(3) 进入该窗体的"设计视图"，将导航窗格中的"订单"窗体拖动到该窗体中，为该窗体添加子窗体；

(4) 选定子窗体，在"属性表"窗格的"数据"选项卡下，单击"链接主字段"行右边的省略号按钮，弹出"子窗体字段链接器"对话框，设置主字段为 ID，子字段为"客户 ID"，并单击"确定"按钮；

(5) 添加嵌入到子窗体的二级子窗体"订单明细"：将导航窗格中的"订单明细"窗体拖动到"订单"子窗体中，并用相同的方法设置链接主/次字段。

10. 创建"公司采购订单"窗体

与上述方法相同，创建"企业采购订单"窗体。

主窗体中以"供应商"表作为数据源，将"采购订单"作为一级子窗体，将"采购订单明细"作为二级子窗体。

9.1.5 创建查询

为方便用户工作，还要设计两种查询，以实现输入参数后进行查询的操作。

查询是以数据库中的数据为数据源，根据给定的条件从指定的表或查询中检索出用户要求的数据，形成一个新的数据集合。

在本实验中，一是要设计按时间段进行查询的"客户订单"查询，二是要设计一种按照订单状态查询的"新增状态订单"查询。

1. "客户订单"查询

通过设置"客户订单"查询，可以查询某时间段内的客户订单情况。步骤如下：

(1) 在"创建"选项卡中单击"查询"组中的"查询设计"按钮。

(2) 系统进入到查询"设计视图"，并弹出"显示表"对话框。

(3) 在"显示表"对话框中，选择"订单"表，单击"添加"按钮，将该表添加到查询"设计视图"中。用同样的方法，将"订单明细"表也添加进"设计视图"中。

(4) 向查询设计网格中添加字段，并输入相应查询条件。其字段信息如表 9-14 所示。

表 9-14　字段信息 1

字段	表	排序	条件
订单 ID	订单	无	
客户 ID	订单	无	
产品 ID	订单明细	无	
订购日期	订单	升序	Between [Forms]![订单查询]![开始日期] And [Forms]![订单查询]![结束日期]
发货日期	订单	无	
状态 ID	订单	无	

(5) 保存该查询为"客户订单"。

(6) 在导航窗格中双击执行该查询，可以弹出要求用户"输入参数值"的对话框，输入"开始日期"和"结束日期"后，单击"确定"按钮，即可实现客户订单情况查询。

2. "新增状态订单"查询

步骤同上。

相关表为"订单"表、"订单明细"表，其字段信息如表 9-15 所示。

表 9-15　字段信息 2

字段	表	排序	条件
订单 ID	订单	无	
客户 ID	订单	无	
产品 ID	订单明细	无	
数量	订单明细	无	
单价	订单明细	无	
订购日期	订单	升序	
状态 ID	订单	无	0

注：在"订单状态"表中，"新增"的"状态 ID"为 0，因此在"新增状态订单"查询条件中设置为 0。

保存该查询为"新增状态订单"即可完成创建。

在导航窗格中双击，执行该查询，可以得到该查询的执行结果。

3. "主页"窗体绑定查询

本小节将上一小节中创建的"新增状态订单"添加到"主页"窗体中。这样，在每次登录该系统时，都能看到处于新增状态的订单，以方便用户快速对该状态的订单进行处理。

步骤如下：

(1) 进入"主页"窗体的"设计视图"，将导航窗格中的"新增状态订单"查询直接拖动到该窗体中，系统自动为"主页"窗体创建子窗体，并弹出"子窗体向导"对话框。

(2) 将"窗体/报表字段"下拉列表框留空，在"子窗体/子报表字段"下拉列表框中选择"订单 ID"；单击"下一步"按钮，在弹出的对话框中设置子窗体的名称为"新增状态订单"。

(3) 再将导航窗格中的"订单明细"数据表窗体拖动到"新增状态订单"子窗体上，系统自动检测链接主/次字段。

(4) 单击"完成"按钮，并可重新调整子窗体布局。

9.1.6　报表的实现

Access 提供了强大的报表功能，通过系统的报表向导，可以实现很多复杂的报表显示和打印。本小节将分别实现对客户资料、客户订单两个报表的创建。

1. "客户资料"报表

该查询记录报表的主要功能就是对员工的订单记录进行查询和打印。步骤如下：

(1) 切换到"创建"选项卡，在"报表"组中单击"报表向导"按钮；

(2) 在弹出的"报表向导"对话框中，在"表/查询"下拉列表框中选择"表：客户"，然后把所有字段作为选定字段；

(3) 单击"下一步"按钮，弹出添加分组级别对话框，选择"公司"作为分组字段；

(4) 单击"下一步"按钮，弹出选择排序字段的对话框，选择通过 ID 排序，排序方式为"升序"；

(5) 单击"下一步"按钮，弹出选择布局方式对话框，选中"递阶"单选按钮，方向为"横向"；

(6) 单击"下一步"按钮，输入标题为"客户资料报表"，并选中"预览报表"单选按钮；

(7) 单击"完成"按钮。

2. "客户订单"报表

步骤如下：

(1) 切换到"创建"选项卡，在"报表"组中单击"报表向导"按钮；

(2) 在弹出的"报表向导"对话框中，在"表/查询"下拉列表框中依次选择"表：订单"和"表：订单明细"，然后把所有字段作为选定字段；

(3) 单击"下一步"按钮，弹出"选择数据查看方式"对话框，选择"通过 订单"选项；

(4) 单击"下一步"按钮，弹出"添加分组级别"对话框，选择"公司"作为分组字段；

(5) 单击"下一步"按钮，弹出"选择排序字段"对话框，选择通过"订单"排序，排序方式为"升序"；

(6) 单击"下一步"按钮，弹出"选择布局方式"对话框，选中"递阶"单选按钮，方向为"横向"；

(7) 单击"下一步"按钮，输入标题为"客户订单报表"，并选中"预览报表"单选按钮；

(8) 单击"完成"按钮。

9.1.7　编码的实现

在上机各小节中创建的查询、窗体、报表等都是孤立的、静态的。比如在上面要查询员工出勤记录，双击查询以后都要手动输入参数，才能返回查询结果。

可以通过 VBA 程序，为各个孤立的数据库对象添加各种事件过程和通用过程，使它们连接在一起。

具体地，可以在"创建"选项卡，单击"宏与代码"组中的"模块"按钮，进入 VBA 编辑器，输入代码。

可以通过上述方法，为"登录"窗体、"主页"窗体、"添加客户信息"窗体、"订单查询"窗体等设计代码。

另外，关于程序的系统设置和系统的运行，这里不再详述。

【实验总结】

该系统包括客户管理系统的客户资料管理、客户订单管理、采购订单管理等。通过该实例，可以掌握以下知识和技巧。

(1) 客户管理系统的需求；

(2) 利用 Access 的窗体与向导相结合来完成数据库应用程序界面的开发；

(3) 利用 VBA 编辑器，完成简单的 VBA 程序的编写。

9.2　Access 在人事管理中的应用

【实验目的】

通过使用 Access 创建一个简单的人事管理系统，复习各数据库对象，并进一步了解表、查询、窗体、报表等数据库对象在数据库程序中的作用；初步掌握数据库系统开发的一般步骤，了解人事管理系统的一般功能组成。

【实验要点】

系统的功能设计；系统的模块设计；表的字段设计；表关系的建立；查询的设计；窗体的创建；报表的创建；宏命令和 VBA 代码的创建；系统的调试；系统的运行与应用。

【实验内容】

9.2.1　系统功能分析与开发要点

1. 系统设计要求

本实验要求设计一个简单的人事管理系统。该系统以满足以下几个要求：

(1) 当有新员工加入到公司时，能够方便地将该员工的个人详细信息添加到数据库中；添加以后，还可以对员工的记录进行修改。

(2) 用户应能够方便地通过该系统来记录公司内部的人事调动情况。

(3) 该系统还应该能够实现员工考勤记录查询和员工工资查询，并能够将查询的结果打印成报表，以方便发放工资条。

(4) 该系统还能够生成所有的考勤记录报表和工资发放记录报表。

2. 系统功能目标

通过该人事管理系统，人事管理职员可以对员工人事信息进行记录和分析，能够对员工的考勤和工资发放情况进行查询等。

系统的主要功能如下：

(1) 新员工登记和员工资料的修改。包括新员工个人资料的详细输入、员工号的分配和相关人事信息的保存；还包括对现有员工的工作资料进行创建和修改。

(2) 人事变更记录。通过该功能，实现对员工工作职位变化的跟踪和记录等。

(3) 员工薪资情况查询。通过该功能，实现对员工薪金发放情况的查询，并且能够按照各种福利薪金的类别打印出个人薪资报表。

(4) 员工考勤情况查询。通过该功能，实现对员工考勤情况的查询等，从而为薪金的计算提供参考依据等。

(5) 报表管理。通过该功能，实现报表的生成和查看。报表又分为两部分，一部分是对员工工资发放情况进行记录，另一部分是对员工的考勤情况进行记录。

(6) 其他统计查询。允许管理者按各个部门、级别、员工类型、学历、职位、性别等员工信息进行统计，从而帮助人力资源部门进行人事结构分析、年龄工龄结构分析等。同时，所有上述统计信息的结果都可以通过对应的报表生成，并可以打印提交给人事部或公司管理者。

3. 系统开发要点

理解数据表的结构，掌握各数据表之间的关系；熟悉查询和窗体的设计；比较清楚地了解人事管理流程，从而开发出完整的人事管理系统。

9.2.2　系统需求分析与设计

随着市场竞争的日趋激烈，"人才"已成为实现企业自身战略目标的一个非常关键的因素。企业对员工的凝聚力和员工对工作的投入，在很大程度上决定了该企业的兴衰与成败。如何保持本企业员工的工作责任感，激励他们的工作热情，减少人才流失，已成为困扰企业主管和人事部经理的一个日益尖锐的问题。

一个良好的人事管理系统，可以有效地帮助人事管理部门进行日常工作。通过该系统，可以适时调整员工的工作职责，提高员工的工作技能，从而提高员工的积极性和工作效率。因此，高效的人事管理系统对于企业不断提高自身竞争力和快速达成各种目标起到至关重要的作用。它不仅应当涉及日常的职位管理、变更管理，还应当涉及招聘流程的管理等。

1. 需求分析

一个企业到底需要什么样的人事管理系统呢？每一个企业都有自己的不同需求，即使有同样的需求也很可能有不同的工作习惯。因此，在程序开发之前，和企业进行充分的沟通和交流，以深入了解其需求是十分必要的。

假设企业人事管理系统的需求一般有如下几点：

(1) 能够对企业当前的人事状况进行记录，包括企业和员工的劳动关系、员工的就职部门、主要工作职责、上级经理等。

(2) 能够对企业员工的人事变更情况进行记录，并据此可以灵活修改工作职责等各种人事状况信息。

(3) 能够根据需要进行各种统计和查询，比如查询员工的年龄、学历等，以便给人力管理部门进行决策参考。

(4) 对求职者信息进行相应的管理，能够发掘合适的人才，加盟该公司。

2. 模块设计

了解了企业的人事管理需求以后，就要明确系统的具体功能目标，设计好各个功能模块。模块化的设计思想是当今程序设计中最重要的思想之一。

一般地，企业人事管理管理系统功能模块可由 6 个部分组成，每一部分根据实际应用又包含不同的功能。

(1) 系统登录模块。在数据库系统中设置系统登录模块，是维持系统安全性的最简单的方法。在任何一个数据库系统中，该模块都是必需的。

(2) 员工人事登记模块。通过该模块，实现对新员工记录的输入和现有员工记录的修改。

(3) 员工人事记录模块。通过该模块，实现对员工人事变动的记录和查看管理。

(4) 统计查询模块。通过该模块，对企业当前员工的人事信息进行查询，比如薪资查询、考勤情况查询、学历查询和年龄查询等。

(5) 招聘管理模块。通过该模块，主要对求职者的信息进行保存和查询，以方便招聘活动的进行，发掘企业的有用之才。

9.2.3 数据库的结构设计

1. 数据表结构需求分析

在本系统中，初步设计 17 张数据表，各表存储的信息如下。

(1) "Switchboard Items" 表：主要存放主切换面板和报表面板的显示信息。

(2) "管理员" 表：存放系统管理人员(一般为企业的人事部人员)的登记信息等。

(3) "员工信息" 表：存储现有员工的个人基本信息，比如姓名、性别、出生日期、所属级别等。

(4) "部门信息" 表：主要存储公司各个部门的信息，比如部门编号、名称、部门经理等。

(5) "人事变更记录" 表：存储员工职位变更信息，记录员工的原职位和现职位。

(6) "班次配置" 表：记录员工的上班班次信息。

(7) "出勤记录" 表：记录所有员工每天的出勤记录。

(8) "出勤配置" 表：记录员工的出勤信息。

(9) "级别工资配置" 表：记录员工所处工资级别的具体信息。

(10) "加班记录" 表：记录员工的加班记录，以用于工资的核算。

(11) "企业工资发放记录" 表：企业的工资财务记录，保存已经核发工资的员工具体内容。

(12) "企业工资计算规则" 表：保存企业内部工资计算规则。

(13) "职位津贴配置" 表：保存企业内部关于津贴的具体信息。

(14) "缺勤记录" 表：记录所有员工的缺勤信息。

(15) "月度出勤汇总" 表：保存企业员工每月的出勤信息汇总。

(16) "签到记录" 表：记录员工的签到信息。

(17) "签出记录" 表：如果员工需要签出时，使用该表登记在册。

2. 数据表字段结构设计

1) 构造空数据库系统

使用 Access 创建名为 "人事管理系统" 的空白数据库，并保存于指定目录。

2) 数据表字段结构设计

下面来设计系统中用到的表 9-16～表 9-32 共 17 个数据表的结构。步骤如下：

创建 "表"，单击 "视图" 按钮的下拉按钮，在弹出的选项列表中选择 "设计视图"

选项；在弹出的"另存为"对话框的"表名称"文本框中输入表名，并单击"确定"按钮，进入表的"设计视图"。在表的"设计视图"中进行表字段的设计。

表 9-16 "Switchboard Items"表

字段名	数据类型	字段宽度	主键
SwitchboardID	数字	长整型	是
ItemNumber	数字	长整型	是
ItemText	文本	255	否
Command	数字	长整型	否
Argument	文本	255	否

注：在一个数据表中创建两个主键的方法是：同时选中两个字段，然后单击"主键"按钮；或在鼠标右键菜单中选择"主键"命令。

表 9-17 "管理员"表

字段名	数据类型	字段宽度	主键
员工编号	文本	9	是
用户名	文本	18	否
密码	文本	18	否

表 9-18 "员工信息"表

字段名	数据类型	字段宽度	主键
员工编号	文本	9	是
姓名	文本	18	否
性别	文本	2	否
部门编号	文本	2	否
职位	文本	18	否
学历	文本	6	否
毕业院校	文本	255	否
专业	文本	255	否
家庭住址	文本	255	否
电话	文本	18	否
状态	文本	1	否
备注	文本	255	否
基本工资级别编号	文本	6	否
岗位津贴级别编号	文本	6	否

表 9-19　"部门信息"表

字段名	数据类型	字段宽度	主键
编号	文本	2	是
名称	文本	18	否
经理	文本	9	否
备注	文本	255	否

表 9-20　"人事变更记录"表

字段名	数据类型	字段宽度	主键
记录编号	自动编号		是
员工编号	文本	9	否
原职位	文本	18	否
现职位	文本	18	否
登记时间	日期/时间		否
备注	文本	255	否

表 9-21　"班次配置"表

字段名	数据类型	字段宽度	主键
班次编号	文本	2	是
名称	文本	18	否
班次开始时间	日期/时间		否
班次结束时间	日期/时间		否
备注	文本	255	否

表 9-22　"出勤记录"表

字段名	数据类型	字段宽度	主键
记录号	自动编号		是
日期	日期/时间		否
员工编号	文本	9	否
出勤配置编号	数字	长整型	否

表 9-23　"出勤配置"表

字段名	数据类型	字段宽度	主键
出勤配置编号	数字	长整型	是
出勤说明	文本	255	否

表 9-24 "级别工资配置"表

字段名	数据类型	字段宽度	主键
级别工资编号	文本	6	是
名称	文本	18	否
金额	数字	单精度型	否
备注	文本	255	否

表 9-25 "加班记录"表

字段名	数据类型	字段宽度	主键
加班日期	日期/时间		是
员工编号	文本	9	是
加班开始时间	日期/时间		否
加班结束时间	日期/时间		否
持续时间	数字	长整型	否

表 9-26 "企业工资发放记录"表

字段名	数据类型	字段宽度	主键
记录编号	自动编号		是
年份	数字	长整型	否
月份	数字	长整型	否
日期	日期/时间		否
员工编号	文本	9	否
基本工资数额	数字	单精度型	否
岗位津贴数额	数字	单精度型	否
加班补贴数额	数字	单精度型	否
出差补贴数额	数字	单精度型	否
违纪扣除数额	数字	单精度型	否
实际应发数额	数字	单精度型	否
备注	文本	255	否

表 9-27 "企业工资计算规则"表

字段名	数据类型	字段宽度	主键
加班补贴	数字	单精度型	否
出差补贴	数字	单精度型	否
迟到/早退扣除	数字	单精度型	否
缺席扣除	数字	单精度型	否

表 9-28　"职位津贴配置"表

字段名	数据类型	字段宽度	主键
职位津贴编号	文本	6	是
名称	文本	18	否
数额	数字	单精度型	否
备注	文本	255	否

表 9-29　"缺勤记录"表

字段名	数据类型	字段宽度	主键
日期	日期/时间		是
员工编号	文本	9	是
缺勤原因	文本	255	否
缺勤天数	数字	长整型	否
缺勤开始时间	日期/时间		否
缺勤结束时间	日期/时间		否
备注	文本	255	否

表 9-30　"月度出勤汇总"表

字段名	数据类型	字段宽度	主键
员工编号	文本	9	是
签到次数	数字	长整型	否
签出次数	数字	长整型	否
迟到次数	数字	长整型	否
早退次数	数字	长整型	否
出差天数	数字	长整型	否
请假天数	数字	长整型	否
休假天数	数字	长整型	否
加班时间汇总	数字	长整型	否

表 9-31　"签到记录"表

字段名	数据类型	字段宽度	主键
日期	日期/时间		是
员工编号	文本	9	是
班次编号	文本	2	否
签到时间	日期/时间		否
备注	文本	255	否

表 9-32 "签出记录" 表

字段名	数据类型	字段宽度	主键
日期	日期/时间		是
员工编号	文本	9	是
班次编号	文本	2	否
签出时间	日期/时间		否
备注	文本	255	否

3. 数据表的表关系设计

数据表中按主题存放了各种数据记录。在使用时，用户从各个数据表中提取出一定的字段进行操作。(事实上，这就是关系型数据库的工作方式)

从各个数据表中提取数据时，应当先设定数据表关系。(Access 作为关系型数据库，支持灵活的关系建立方式)因此，用户在"人事管理系统"数据库中完成数据表字段设计后，就需要再建立各表之间的表关系。步骤如下：

(1) 切换到"数据库工具"选项卡，并单击"关系"组中的"关系"按钮，即可进入该数据库"关系"视图；在"关系"视图中右击，在弹出的快捷菜单中选择"显示表"命令，或直接单击"关系"组中的"显示表"按钮；在弹出的"显示表"对话框中，依次选择所有的数据表，单击"添加"按钮，将所有数据表添加进"关系"视图。

(2) 以第一个表关系的创建为例，选择"员工信息"表中的"员工编号"字段，按下鼠标左键不放并将其拖放到"管理员"表中的"员工编号"字段上，释放鼠标左键，系统显示"编辑关系"对话框；选中"实施参照完整性"复选框，以保证在"管理员"表中登记的"员工编号"都是在"员工信息"表中记录的"员工编号"；单击"创建"按钮，创建一个表关系。如表 9-33 是各表之间的关系。

表 9-33 各表之间的关系信息 1

表名	字段名	相关表名	字段名
员工信息	员工编号	管理员	员工编号
员工信息	员工编号	人事变更信息	员工编号
员工信息	员工编号	出勤记录	员工编号
员工信息	员工编号	企业工资发放记录	员工编号
员工信息	员工编号	签到记录	员工编号
员工信息	员工编号	签出记录	员工编号
员工信息	员工编号	月度出勤汇总	员工编号
员工信息	员工编号	缺勤记录	员工编号
员工信息	员工编号	加班记录	员工编号
员工信息	员工编号	部门信息	经理
部门信息	编号	员工信息	部门编号

(续表)

表名	字段名	相关表名	字段名
级别工资配置	级别工资编号	员工信息	基本工资级别编号
职位津贴配置	职位津贴编号	员工信息	岗位津贴级别编号
出勤配置	出勤配置编号	出勤记录	出勤配置编号
班次配置	班次编号	签出记录	班次编号
班次配置	班次编号	签到记录	班次编号

（3）建立关系后，可以在"关系"视图中预览所有的关联关系；单击"关闭"按钮，系统弹出提示保存布局的对话框，单击"是"按钮，保存"关系"视图的更改。

9.2.4　窗体的实现

窗体对象是直接与用户交流的数据库对象。窗体作为一个交互平台、一个窗口，用户通过它查看和访问数据库，实现数据的输入等。

在"人事管理系统"中，根据设计目标，需要建立多个不同的窗体，比如要实现功能导航的"主切换面板"窗体、"登录"窗体、"员工信息查询"窗体、"员工人事变更记录"窗体、"员工考勤记录查询"窗体、"员工工资查询"窗体等。

具体步骤说明同第 9.1.4 节。

表 9-34 所示为"主切换面板"窗体。

表 9-34　"主切换面板"窗体

类型	名称	标题
标签	lbl 1	1
标签	lbl 2	2
标签	lbl 3	3
标签	lbl 4	4
标签	lbl 5	5
标签	lbl 6	6
标签	lbl 7	7
标签	lbl 8	8
按钮	btn 1	
按钮	btn 2	
按钮	btn 3	
按钮	btn 4	
按钮	btn 5	
按钮	btn 6	
按钮	btn 7	
按钮	btn 8	

(1) 添加按钮：单击"控件"组中的"按钮"控件，并在窗体主体区域单击，弹出"命令按钮向导"对话框；单击"取消"按钮，取消该向导；单击按钮窗体，并在"属性表"窗格中设置按钮的"名称"为"btn1"，删除"标题"属性中的信息。

(2) 在"btn1"按钮控件右方添加一个"标签"窗体控件，将其"名称"属性改为"lbl1"，"标题"属性改为"1"。

(3) 单击"lbl1"标签控件，在"lbl1"标签控件左边出现"◈"控件关联图标；单击该图标，在系统弹出的快捷菜单中，选择"将标签与控件关联"命令；在弹出的"关联标签"对话框中选择"btn1"选项，并单击"确定"按钮。由此，"btn1"按钮控件就与"lbl1"标签控制建立了关联。

(4) 重复以上步骤，完成其余 7 组按钮控件和标签控件。

(5) 在 Switchboard Items 表中添加相应的记录，如表 9-35 所示。该表中记录着"主切换面板"上的按钮控件和标签控件的数量和显示标题信息，程序通过这些记录信息来控制其运行流程。

表 9-35　Switchboard ID 表

SwitchboardID	ItemNumber	ItemText	Comand	Argument
1	0	主切换面板	0	默认
1	1	员工信息查询编辑	2	员工信息查询编辑
1	2	人事变更记录查询编辑	2	人事变更记录查询编辑
1	3	员工工资查询	2	员工工资查询
1	4	员工考勤记录查询	2	员工考勤记录查询
1	5	预览报表	2	2
1	8	退出数据库	4	
2	0	报表切换面板	0	
2	1	企业工资发放记录报表	3	企业工资发放记录报表
2	2	企业员工出勤记录报表	3	企业员工出勤记录报表
2	8	返回主面板	1	1

表 9-36 所示为"登录"窗体。

表 9-36　"登录"窗体

类型	名称	标题
标签	用户名	用户名：
标签	密码	密码：
文本框	UserName	
文本框	Password	
按钮	OK	确定
按钮	Cancel	取消

"员工信息查询"窗体的创建步骤如下：

(1) 单击"创建"选项卡下的"窗体"组中的"窗体向导"按钮，在弹出的"窗体向导"对话框中，在"表/查询"下拉列表框中选择"表：员工信息"选项，将"可用字段"列表框中的所有字段添加到右面"选定字段"列表框中。

(2) 单击"下一步"按钮，在弹出的对话框中选择"纵栏表"单选按钮。

(3) 单击"下一步"按钮，输入窗体标题为"员工信息查询"，再选中"打开窗体查看或输入信息"单选按钮，单击"完成"按钮。

(4) 可进入"设计视图"对窗体做进一步修改，以求美观。

"员工人事变更记录"窗体的创建步骤如下：

(1) 单击"创建"选项卡下的"窗体"组中的"窗体向导"按钮，在弹出的"窗体向导"对话框中，在"表/查询"下拉列表框中选择"表：员工信息"选项中的"姓名"选为"选定字段"；再在"表/查询"下拉列表框中选择"表：人事变更记录"选项，将"可用字段"列表框中的所有字段添加到右面"选定字段"列表框中。

(2) 单击"下一步"按钮，选择"通过员工信息"选项，再选中"带有子窗体的窗体"单选按钮。

(3) 单击"下一步"按钮，弹出要求选择窗体布局对话框，选中"数据表"单选按钮。

(4) 单击"下一步"按钮，输入"窗体"标题"员工人事变更记录"和"子窗体"标题"员工人事变更记录_子窗体"，然后选中"打开窗体查看或输入信息"单选按钮，并单击"完成"按钮。

(5) 可进入"设计视图"对窗体做进一步修改，以求美观。

"员工考勤记录查询"窗体的创建步骤如下：

(1) 单击"创建"选项卡中"窗体"组中的"窗体设计"按钮。

(2) 单击"页眉/页脚"组中的"标题"控件，在窗体页眉区域输入窗体标题"员工考勤记录查询"。

(3) 单击"控件"组中的"文本框"控件，并在窗体"主体"区域中单击，弹出"文本框向导"对话框，完成文本框的属性设置，并将该文本框命名为"员工号"。

(4) 用同样的方法添加"开始时间"和"结束时间"文本框。

(5) 单击"控件"组中的"按钮"控件，并在窗体"主体"区域中单击，弹出"命令按钮向导"对话框，单击"取消"按钮；在"属性表"窗格中，设置该按钮的标题和名称为"考勤查询"。

(6) 用同样的方法添加标题和名称均为"取消"的另一个按钮。

(7) 单击"保存"完成"员工考勤记录查询"窗体的设计。如表 9-37 是"员工考勤记录查询"窗体。

表 9-37 "员工考勤记录查询"窗体

类型	名称	标题
标签	员工号标签	员工号:
标签	开始时间标签	开始时间:
标签	结束时间标签	结束时间:
文本框	员工号	
文本框	开始时间	
文本框	结束时间	
按钮	考勤查询	
按钮	取消	

"员工工资查询"窗体的创建步骤如下:

其中,组合框"开始月份"、"结束月份"的创建方法如下:选择"开始月份"组合框,将"属性表"切换到"数据"选项卡,在"行来源类型"行中选择"值列表"选项,然后在"行来源"行中输入想要在列表框中出现的选项。例如,在本处要实现 12 个月的选择,因此可以输入"1;2;3;4;5;6;7;8;9;10;11;12"。

如表 9-38 是"员工工资查询"窗体。

表 9-38 "员工工资查询"窗体

类型	名称	标题
标签	员工号标签	员工号
标签	开始月份标签	开始月份
标签	结束月份标签	结束月份
文本框	员工号	
组合框	开始月份	
组合框	结束月份	
按钮	工资查询	
按钮	取消	

9.2.5 创建查询

查询是以数据库中的数据为数据源,根据给定的条件从指定的表或查询中检索出用户要求的数据,形成一个新的数据集合。

1. 创建"员工考勤记录"查询

建立"员工考勤记录"查询的目的是查询企业内员工的考勤信息,然后再通过窗体或报表显示出来。步骤如下：

(1) 切换到"创建"选项卡，单击"查询"组中的"查询设计"按钮。

(2) 系统进入到查询"设计视图"，并弹出"显示表"对话框。

(3) 在"显示表"对话框中，选择"员工信息"表，单击"添加"按钮，将该表添加到查询"设计视图"中；同样地，将"出勤配置"表和"出勤记录"也添加进"设计视图"中。

(4) 向查询设计网格中添加字段：选择"出勤记录"表中的"员工编号"字段，并按下鼠标左键将其拖动到下面的第一个查询设计网格中。

(5) 在网格的"条件"行中输入查询的条件为"[Form]![员工考勤记录查询]![员工编号]"。

(6) 依次向网格中添加如表 9-39 所示的字段信息。

表 9-39　字段信息 3

字段	表	排序	条件
员工编号	出勤记录	无	[Form]![员工考勤记录查询]![员工编号]
姓名	员工信息	无	
日期	出勤记录	升序	Between [Forms]![员工考勤记录查询]![开始日期] And [Forms]![员工考勤记录查询]![结束日期]
出勤说明	出勤配置	无	

(7) 单击"保存"按钮，将此查询保存为"员工考勤记录查询"。

注 1：在创建查询的过程中，最难以确定的就是各种查询条件。为了方便用户输入查询条件，Access 提供了"表达式生成器"，用户可以在生成器中创建自己的查询条件：在查询设计网格的"条件"行右击，在弹出的快捷菜单中选择"生成器"选项；在弹出的"表达式生成器"对话框中，依次选择"窗体""员工考勤记录""员工号"选项，并双击"员工号"字段，即可在上面的表达式输入窗口中显示该查询条件。

注 2：在导航窗格中双击执行该查询，可以弹出要求用户输入参数值的对话框；按提示输入员工编号，单击"确定"按钮；按提示输入开始日期和结束日期，单击"确定"按钮。即可实现员工的考勤情况查询。

2. 创建"员工工资"查询

步骤同上。

其相关表为"部门信息"表、"员工信息"表和"企业工资发放记录"表等 3 个表；其字段信息如表 9-40 所示。

表 9-40　字段信息 4

字段	表	排序	条件
部门名称	部门信息	无	
员工编号	企业工资发放记录	无	[Form]![员工工资查询]![员工编号]
姓名	员工信息	无	
月份	企业工资发放记录	升序	Between [Forms]![员工工资查询]![开始月份] And [Forms]![员工工资查询]![结束月份]
年份	企业工资发放记录	升序	
实际应发数额	企业工资发放记录	无	
基本工资数额	企业工资发放记录	无	
岗位津贴数额	企业工资发放记录	无	
加班补贴数额	企业工资发放记录	无	
出差补贴数额	企业工资发放记录	无	
违规扣除数额	企业工资发放记录	无	

将该查询保存为"员工工资查询"。

9.2.6　报表的实现

Access 提供了强大的报表功能，通过系统的报表向导，可以实现很多复杂的报表显示和打印。本小节将分别实现员工考勤记录、员工工资查询记录、企业工资发放记录、企业员工出勤记录等 4 个报表的创建。

1. "员工考勤记录查询"报表

步骤如下：

(1) 切换到"创建"选项卡，在"报表"组中单击"报表向导"按钮；

(2) 在弹出的"报表向导"对话框中，在"表/查询"下拉列表框中选择"查询：员工考勤记录查询"，然后把所有字段作为选定字段；

(3) 单击"下一步"按钮，弹出选择数据查看方式对话框，选择"通过 出勤记录"选项；

(4) 单击"下一步"按钮，弹出添加分组级别对话框，不选择分组字段；

(5) 单击"下一步"按钮，弹出选择排序字段的对话框，选择通过"日期"排序，排序方式为"升序"；

(6) 单击"下一步"按钮，弹出选择布局方式对话框，选中"表格"单选按钮，方向为"纵向"；

(7) 单击"下一步"按钮，输入标题为"员工考勤记录查询报表"，并选中"预览报表"单选按钮；

(8) 单击"完成"按钮。

注 1：该报表以"员工考勤记录查询"为数据源，进行考勤数据的筛选和查询。

注 2：用户可以在导航窗格中看到该报表，双击报表，弹出要求用户输入"员工编号"的对话框，输入正确的参数，就可以查看该报表了。

2. "员工工资查询"报表

步骤如下：

(1) 切换到"创建"选项卡，在"报表"组中单击"报表向导"按钮；

(2) 在弹出的"报表向导"对话框中，在"表/查询"下拉列表框中选择"查询：员工工资查询"，然后把所有字段作为选定字段；

(3) 单击"下一步"按钮，弹出选择数据查看方式对话框，选择"通过 企业工资发放记录"选项；

(4) 单击"下一步"按钮，弹出添加分组级别对话框，不选择分组字段；

(5) 单击"下一步"按钮，弹出选择排序字段的对话框，选择通过"年份"和"月份"排序，排序方式均为"升序"；

(6) 单击"下一步"按钮，弹出选择布局方式对话框，选中"表格"单选按钮，方向为"横向"；

(7) 单击"下一步"按钮，输入标题为"员工工资查询报表"，并选中"预览报表"单选按钮；

(8) 单击"完成"按钮。

注 1：该报表以"员工工资查询"为数据源，进行考勤数据的筛选和查询。

注 2：用户可以在导航窗格中看到该报表，双击报表，弹出要求用户输入员工编号的对话框，输入正确的参数，就可以查看该报表了。

3. "员工出勤记录"报表

步骤如下：

(1) 切换到"创建"选项卡，在"报表"组中单击"报表向导"按钮；

(2) 弹出"报表向导"对话框，在该对话框中将"表：出勤记录"中的"记录号"、"日期"、"员工编号"字段，"表：员工信息"中的"姓名"、字段，"表：出勤配置"中的"出勤说明"字段，依次添加到"选定字段"列表框中；

(3) 单击"下一步"按钮，弹出选择数据查看方式对话框，选择"通过 出勤记录"选项；

(4) 单击"下一步"按钮，弹出添加分组级别对话框，不选择分组字段；

(5) 单击"下一步"按钮，弹出选择排序字段的对话框，选择通过"年份"和"月份"排序，排序方式均为"升序"；

(6) 单击"下一步"按钮，弹出选择布局方式对话框，选中"表格"单选按钮，方向为"横向"；

(7) 单击"下一步"按钮，输入标题为"企业员工出勤记录报表"，并选中"预览报表"单选按钮；

(8) 单击"完成"按钮。

注：可在保存完成之后，进入报表的"设计视图"，对自动生成的报表进行适当修改。

4. "员工工资发放记录"报表

步骤如下：

(1) 切换到"创建"选项卡，在"报表"组中单击"报表向导"按钮；

(2) 弹出"报表向导"对话框，在该对话框中将"表：员工信息"中的"姓名"字段，"表：企业工资发放记录"中的所有字段，依次添加到"选定字段"列表框中；

(3) 单击"下一步"按钮，弹出选择数据查看方式对话框，选择"通过企业工资发放记录"选项；

(4) 单击"下一步"按钮，弹出添加分组级别对话框，不选择分组字段；

(5) 单击"下一步"按钮，弹出选择排序字段的对话框，选择通过"年份"和"月份"排序，排序方式均为"升序"；

(6) 单击"下一步"按钮，弹出选择布局方式对话框，选中"表格"单选按钮，方向为"横向"；

(7) 单击"下一步"按钮，输入标题为"企业员工工资发放记录报表"，并选中"预览报表"单选按钮；

(8) 单击"完成"按钮。

注：可在保存完成之后，进入报表的"设计视图"，对自动生成的报表进行适当修改。

9.2.7 编码的实现

在上机各小节中创建的查询、窗体、报表等都是孤立的、静态的。比如在上面要查询员工出勤记录，双击查询以后都要手动输入参数，才能返回查询结果。

可以通过 VBA 程序，为各个孤立的数据库对象添加各种事件过程和通用过程，使它们连接在一起。

具体地，可以在"创建"选项卡，单击"宏与代码"组中的"模块"按钮，进入 VBA 编辑器，输入代码。

可以通过上述方法，为"登录"窗体、"主切换面板"窗体、"员工考勤记录查询"窗体、"员工工资查询"窗体等设计代码。

另外，关于程序的系统设置和系统的运行，这里不再详述。

【实验总结】

该实验包括了人事管理系统的基本管理、员工信息、部门信息、员工调动信息、奖惩信息等。通过该实例，可以掌握以下知识和技巧。

(1) 人事管理系统的需求。最初进行方案设计，看似对程序的设计没有什么直接的作用。事实上，这个设计方案是以后设计工作的指导性文件。

(2) 利用 Access 的窗体与向导来完成数据库应用程序界面的开发。表中存储了数据库中的数据，因此在设计好表以后，表的结构不要随意更改，否则会造成意外损失，比如窗体的返工。

(3) 利用 VBA 设计，完成简单的 VBA 程序的编写。

(4) 能对系统进行简单设置，解决一些基本的 Access 问题。

9.3　Access 在进销存管理中的应用

进销存管理系统是工业、商业活动中的重要环节，它的主要工作目的就在于协调各个部门的工作，提高货物的流通速度。

【实验目的】

通过使用 Access 创建一个简单的进销存管理系统，进一步学习表、查询、窗体、报表等数据库对象在数据库程序中的作用；进一步体会数据库系统开发的步骤，了解进销存管理系统的一般功能组成。

【实验要点】

了解进销存系统的概念；系统的功能设计；系统的模块设计；表和表关系的设计；查询的设计；窗体的创建；报表的创建；宏命令和 VBA 代码的创建；系统的运行与应用。

【实验内容】

9.3.1　系统功能分析与开发要点

1. 系统设计要求

本实验要设计一个简单的进销存管理系统。该系统应满足以下几个条件：

(1) 接收客户的订单信息，可以对订单信息进行修改和查询；

(2) 能够对物资的进出库情况进行查询，了解库存情况和业绩信息，结果以报表形式给出；

(3) 能够对供应商的信息管理及销售情况进行查询，结果以报表形式给出；

(4) 能够对商品的基本信息、客户的信息进行管理，包括修改和查询；

(5) 能够对产品的进货信息进行综合查询；

(6) 对用户密码的修改。

2. 系统功能目标

本实验以一个儿童玩具销售公司为例，对产品的各项相关信息、客户的订单、进库信息、产品信息、供应商信息、库存信息等进行管理和查询。

系统的主要功能如下：

- 商品基本信息的管理：用来处理进出库的商品信息，包括新建、修改、删除和查询等。
- 订单信息的处理：是整个系统工作流程的起点，包括订单的增减、查询，以及订单在处理过程中(如发货确认等)状态的改变。
- 产品入库出库管理：完成记录，修改商品入出库信息，并有库存报表功能。
- 查询功能：允许管理员可以按编号、日期对进货商的销售信息进行查询；对入库的产品信息进行详细的查询，包括编号、名称、入库时间等。

3. 系统开发要点

通过本实验，理解数据表的结构，掌握各数据表之间的关系，熟悉查询和窗体的设计，对进销存管理系统有比较清楚的了解，从而开发出完整的进销存管理系统。

9.3.2　系统需求分析与设计

在现代商业活动中，产品进销存管理正在变得越来越重要。准确地做出产品进货、库存和出货管理，能够使公司清晰地掌握自己的经营状况，建立良好的客户关系、良好的企业信誉等。本实验旨在设计一个商业公司的进销存管理信息系统，通过对公司的供应商、客户、商品、进货、销售等信息的管理，从而达到进货、销售和库存的全面信息管理。

进销存管理系统是一个典型的数据库应用程序。它是根据企业的需求，为解决企业账目混乱、库存不准、信息反馈不及时等问题，采用先进的计算机技术，集进货、销售、存储多个环节于一体的信息系统。

1. 需求分析

进销存管理系统的意义在于使用户方便地查找和管理各种业务信息，大大提高企业的效率和管理水平。用户的需求主要有以下内容：

(1) 将订单、商品、供应商、客户、商品、进货、销售等信息录入管理系统，提供修改和查询。

(2) 能够对各类信息提供查询。

(3) 能够统计进出库的各类信息，对进库、销售、库存进行汇总，协调各部门的相互工作。

(通过分析进销存管理系统的基本需求，可得到本系统的数据工作流程)

2. 模块设计

按照前述需求分析，进销存管理系统可分为以下几个模块：

- 系统的基本配置模块：包括产品、供应商、客户的基本资料的录入。

- 产品进出库处理模块：主要包括对订单信息的处理和采购单的处理，一般产品入出库的处理。
- 查询模块：对系统中的各类信息，如供应商资料、出入库详细资料等进行查询，支持多个条件的复合查询。
- 报表显示模块：根据用户的需要和查询结果生成报表。

9.3.3　数据库的结构设计

1. 数据表结构需求分析

在本系统中，初步设计 10 张数据表，各表存储的信息如下。

(1) "管理员"表：存放系统管理人员信息，一般是企业管理人员的用户名和密码。

(2) "产品信息"表：存储产品的基本信息，如产品编号、产品名称、规格型号、计量单位、供应商编号、产品类别等。

(3) "供应商"表：存放产品供应商的相关信息，比如供应商编号、供应商名称、联系人姓名、联系人职务、业务电话、电子邮件等。

(4) "客户"表：记录客户的基本信息，比如客户编号、客户姓名、客户地址、联系电话、电子邮件、备注等。

(5) "订单"表：记录订单的基本信息，如订单编号、客户编号、产品编号、供应商编号、销售单价、订购数量、订单金额、预定时间、订单时间等基本预订信息。

(6) "订单处理明细"表：除了订单基本信息外，还要增加付款信息和发货信息，如付款方式、付款时间、发货地址、发货时间、发货人等。

(7) "入库记录"表：存放产品入库的信息。

(8) "出库记录"表：存放产品出库的信息。

(9) "业务类别"表：记录进出库的业务类型。

(10) "库存"表：记录产品的库存信息。

还可在此基础上增加其他的表，如采购表、员工表等。

2. 数据表字段结构设计

1) 构造空数据库系统

使用 Access 创建名为 "进销存管理系统" 的空白数据库，并保存于指定目录。

2) 数据表字段结构设计

下面来设计系统中用到的表 9-41～表 9-50 共 10 个数据表的结构。步骤如下：

创建 "表"，单击 "视图" 按钮的下拉按钮，在弹出的选项列表中选择 "设计视图" 选项；在弹出的 "另存为" 对话框的 "表名称" 文本框中输入表名，并单击 "确定" 按钮，进入表的 "设计视图"。在表的 "设计视图" 中进行表字段的设计。

管理员是整个进销存管理系统的使用者，负责管理和维护整个系统，包括产品的处理和信息的查询等。

表 9-41 "管理员"表

字段名	数据类型	字段宽度	主键
用户名	文本	18	否
密码	文本	18	否

"产品信息"表存储了产品自身的一些属性。

表 9-42 "产品信息"表

字段名	数据类型	字段宽度	主键
产品编号	数字		是
产品名称	文本	18	否
规格型号	文本	255	否
计量单位	文本	20	否
供应商编号	数字		否
产品类别	文本	18	否

"供应商"表存储着供应商的详细信息。

表 9-43 "供应商"表

字段名	数据类型	字段宽度	主键
供应商编号	数字		是
供应商名称	文本	18	否
联系人姓名	文本	18	否
联系人职务	文本	18	否
业务电话	文本	20	否
电子邮件	文本	40	否

"客户"表存储着客户的基本信息。

表 9-44 "客户"表

字段名	数据类型	字段宽度	主键
客户编号	数字		是
客户姓名	文本	18	否
客户地址	文本	255	否
联系电话	文本	20	否

(续表)

字段名	数据类型	字段宽度	主键
电子邮件	文本	40	否
备注	文本	255	否

客户在订购产品时，要用到"订单"表，它记录了预订的基本信息。

表 9-45　"订单"表

字段名	数据类型	字段宽度	主键
订单编号	数字		是
客户编号	数字		否
产品编号	数字		否
供应商编号	数字		否
销售单价	货币		否
订购数量	数字		否
订单金额	货币		否
预订时间	日期/时间		否
订单时间	日期/时间		否
备注册表	文本	20	否

"订单处理明细"表主要存放订单的全部处理信息，包括预订信息、付款信息和发货信息。

表 9-46　"订单处理明细"表

字段名	数据类型	字段宽度	主键
订单编号	数字		是
客户编号	数字		否
产品编号	数字		否
供应商编号	数字		否
预订时间	日期/时间		否
发货时间	日期/时间		否
销售单价	货币		否
订购数量	数字		否
订单金额	货币		否
付款方式	文本	8	否
付款时间	日期/时间		否
发货地址	文本	255	否

(续表)

字段名	数据类型	字段宽度	主键
发货人	文本	18	否
状态	文本	40	否

"入库记录"表记录了产品入库的基本信息。

表 9-47　"入库记录"表

字段名	数据类型	字段宽度	主键
入库编号	数字		是
业务类别	数字		否
产品编号	数字		否
供应商编号	数字		否
入库时间	日期/时间		否
入库单价	货币		否
入库数量	数字		否
入库金额	货币		否
经办人	文本	18	否

"出库记录"表记录了产品出库的基本信息。

表 9-48　"出库记录"表

字段名	数据类型	字段宽度	主键
出库编号	数字		是
业务类别	数字		否
产品编号	数字		否
供应商编号	数字		否
出库时间	日期/时间		否
出库单价	货币		否
出库数量	数字		否
出库金额	货币		否
经办人	文本	18	否

"业务类别"表存放企业内部产品进出的几种业务类型：

表 9-49　"业务类别"表

字段名	数据类型	字段宽度	主键
业务类别	数字		是
业务名称	文本	20	否
收发标志	是/否		否

"库存"表记录产品的库存信息：

表 9-50　"库存"表

字段名	数据类型	字段宽度	主键
产品编号	数字		是
供应商编号	数字		是
库存量	数字		否

3. 数据表的表关系设计

步骤如下：

(1) 切换到"数据库工具"选项卡，并单击"关系"组中的"关系"按钮，即可进入该数据库"关系"视图；在"关系"视图中右击，在弹出的快捷菜单中选择"显示表"命令，或直接单击"关系"组中的"显示表"按钮；在弹出的"显示表"对话框中，依次选择所有的数据表，单击"添加"按钮，将所有数据表添加进"关系"视图。

(2) 以第一个表关系的创建为例，选择"产品信息"表中的"产品编号"字段，按下鼠标左键不放并将其拖放到"出库记录"表中的"产品编号"字段上，释放鼠标左键，系统显示"编辑关系"对话框；选中"实施参照完整性"复选框，以保证在"出库记录"表中登记的"产品编号"都是在"产品信息"表中记录的"产品编号"；单击"创建"按钮，创建一个表关系。如表 9-51 是各表之间的关系。

表 9-51　各表之间的关系信息 2

表名	字段名	相关表名	字段名
供应商	供应商编号	产品信息	供应商编号
供应商	供应商编号	入库记录	供应商编号
供应商	供应商编号	出库记录	供应商编号
供应商	供应商编号	库存	供应商编号
供应商	供应商编号	订单	供应商编号
供应商	供应商编号	订单处理明细	供应商编号
产品信息	产品编号	订单	产品编号
产品信息	产品编号	订单处理明细	产品编号
产品信息	产品编号	入库记录	产品编号

(续表)

表名	字段名	相关表名	字段名
产品信息	产品编号	出库记录	产品编号
产品信息	产品编号	库存	产品编号
业务类别	业务类别	入库记录	业务类别
业务类别	业务类别	出库记录	业务类别

(3) 建立关系后，可以在"关系"视图中预览所有的关联关系；单击"关闭"按钮，系统弹出提示保存布局的对话框，单击"是"按钮，保存"关系"视图的更改。

9.3.4 窗体的实现

在"进销存管理系统"中，根据设计目标，需要建立多个不同的窗体，比如要实现功能导航的"登录"窗体、"切换面板"窗体、"订单处理"窗体、"发货确认"窗体、"产品进库"窗体、"供应商查询编辑"窗体、"进货资料查询"窗体、"密码管理"窗体等。

具体步骤说明同第 9.1.4 节。

1. "登录"窗体

"登录"窗体是用户使用的第一个窗体，它保证了系统的安全性。步骤如下：

在"创建"选项卡中选择"窗体"组中的"其他窗体"下拉列表框中的"模式对话框"选项；出现的空白窗体上已有"确定""取消"两个按钮；调整窗体布局，并在窗体上添加几个控件。如表 9-52 是"登录"窗体。

表 9-52 "登录"窗体

控件类型	控件名称	属性	属性值
标签	Label1	标题	进销存管理登录
标签	Label2	标题	用户名：
标签	Label3	标题	密码：
文本框	Text_name		
文本框	txtpwd	输入掩码	密码
按钮	Btn_ok		
按钮	Btn_cancel		

2. "切换面板"窗体

"切换面板"是整个进销存系统的入口点，给管理员提供了多种功能的操作。步骤如下：

在"创建"选项卡中单击"窗体"组中的"窗体设计"按钮；调整窗体布局，并在窗体上方添加一个"矩形"控件,背景属性设为"#9DBB61",添加标签控件,设为"进销存管理系统",添加一个徽标控件;利用命令按钮控件和标签控件,为窗体添加几个按钮和标签,来处理管理员的操作(其中,label2~7 与 option1~6 依次关联)。如表 9-53 是"切换面板"窗体。

表 9-53　"切换面板"窗体

控件类型	控件名称	属性	属性值
标签	Image2	图片	儿童.jpg
标签	Label1	标题	进销存管理系统
标签	Label2	标题	订单处理
标签	Label3	标题	产品入库
标签	Label4	标题	发货确认
标签	Label5	标题	供应商资料查询
标签	Label6	标题	进货资料查询
标签	Label7	标题	修改密码
按钮	Option1	标题	
按钮	Option2	标题	
按钮	Option3	标题	
按钮	Option4	标题	
按钮	Option5	标题	
按钮	Option6	标题	
按钮	Btn_retrun	标题	退出系统

3. "订单处理"窗体

接收订单是进销存管理系统运行的起点,所以,"订单处理"模块要有新增、修改、删除及查看订单的功能。步骤如下:

在"创建"选项卡中,单击"窗体"组中的"窗体向导";在"查/查询"下拉列表框中选择"表:订单",将"可选字段"列表框中的所有字段加入到右面"选定字段"列表框中,并依次"确定"按钮,可自动生成窗体;进入该窗体的"设计视图",为窗体添加相关控件。如表 9-54 是"订单处理"窗体。

表 9-54　"订单处理"窗体

控件类型	控件名称	属性	属性值
标签	Image1	图片	罗斯文.png
文本框	Text1	控件来源	=Replace("订单#|", "|",Nz([订单编号], "(新)"))
按钮	Btn_add	背景样式	透明(新订单)

(续表)

控件类型	控件名称	属性	属性值
按钮	Btn_save	背景样式	透明(保存订单)
按钮	Btn_del	背景样式	透明(删除订单)
按钮	Btn_query	背景样式	透明(订单查询)
按钮	Btn_return	背景样式	透明(返回)

4. "发货确认"窗体

所要处理的"发货确认",其实是订单处理的后续过程。在设计数据库时把"发货确认"的信息存储在"订单处理明细"表中,就需要设计一个"发货确认"窗体。步骤如下:

在窗体页眉添加"发货确认"及相应徽标,在窗体主体添加如表 9-55 所示的控件。

表 9-55 "发货确认"窗体

控件类型	控件名称	属性	属性值
标签	Label2	标题	请查看下面的订单信息:
文本框	Txt_no	所有属性	默认
标签	Label_type	标题	支付方式
组合框	Combo1	行来源	"支票";"信用卡";"现金"
标签	Label_date	标题	付款日期
文本框	Txt_paydate	所有属性	默认
标签	Label_address	标题	送货地址
文本框	Txt_address	所有属性	默认
标签	Label_name	标题	送货人
文本框	Txt_name	所有属性	默认
标签	Label_date2	标题	送货日期
文本框	Txt_date	所有属性	默认
按钮	Btn_ok	标题	确认
按钮	Btn_cancel	标题	取消
按钮	Btn_return	标题	返回

其中,选择"支付方式"组合框,将"属性表"切换到"数据"选项卡,在"行来源类型"行中选择"值列表"选项,然后在"行来源"行中输入想要在列表框中出现的选项。例如,在本处要实现 3 种支付方式的选择,因此可以输入"支票;信用卡;现金"。

5. "产品进库"窗体

下面使用设计视图来创建"产品进库"窗体,步骤如下:

(1) 单击"创建"选项卡中"窗体"组中的"窗体设计",为空白窗体设计页眉,添加标题"产品进库管理"和徽标控件。

(2) 为窗体添加表中的字段,单击"主体"区域,单击"设计"选项卡中的"添加现有字段",并在弹出的"字段列表"窗格中,将"入加记录"表的所有字段依次拖沓添加到窗体上,并排列整齐。

(3) 为窗体添加 4 个导航按钮,分别为"第一个""前一个""后一个""最后一个"。添加的方法使用"命令按钮向导",如图 9-1 所示。

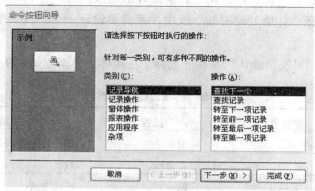

图 9-1　使用"命令按钮向导"

(4) 为窗体添加功能按钮,分别为"添加记录""保存记录""删除记录""进货查询",添加方法同上;添加"库存查询"和"返回"按钮。最终效果如图 9-2 所示。

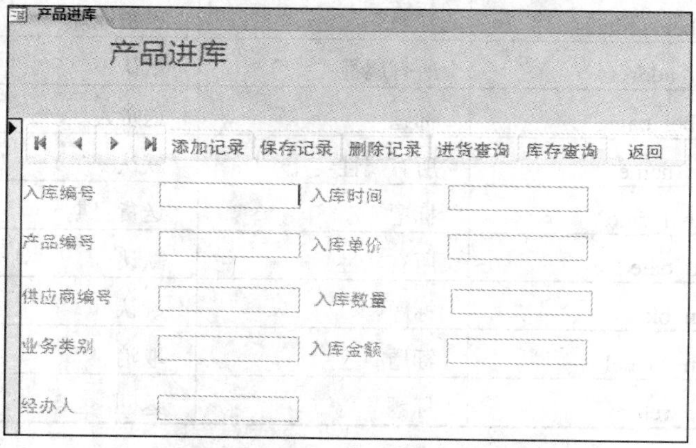

图 9-2　"产品进库"窗体创建效果

6. "供应商查询编辑"窗体

"供应商查询编辑"窗体具有基本的供应商记录信息的增加、修改、删除等功能,还具有供应商查询的功能,如图 9-3 所示。步骤如下:

(1) 在"创建"选项卡中,单击"窗体"组下的"窗体向导";在向导对话框中,在

"表/查询"下拉列表框中选择"表：供应商"，将其"可选字段"列表框中的所有字段加入到右面"选定字段"列表框中，生成窗体。

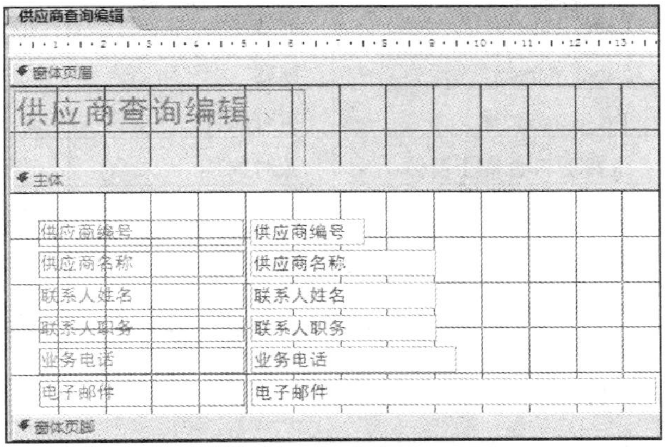

图 9-3 "供应商查询编辑"窗体

(2) 使用"命令按钮向导"，为窗体添加功能按钮，分别为"添加记录""保存记录""删除记录"；为窗体添加 4 个导航按钮，分别为"第一个""前一个""后一个""最后一个"。

(3) 为窗体添加"库存查询"和"返回"按钮控件。

7. "进货资料查询"窗体

"进货资料查询"窗体主要用于查询进货的详细信息，包括产品名称、供应商名称、入库日期等。此处将使用子窗口的方式来显示查询结果。步骤如下：

在"创建"选项卡中，单击"窗体"组中的"窗体设计"，添加以下控件，并设置其属性值。如表 9-56 是"进货资料查询"窗体。

表 9-56 "进货资料查询"窗体

控件类型	控件名称	属性	属性值
标签	Label1	标题	进货资料查询
标签	Label2	标题	请选择查询的条件：
标签	Label_name	标题	产品名称
文本框	Txt_name	所有属性	默认
标签	Label_company	标题	公司名称
组合框	Combo1	行来源	SELECT 供应商名称 FROM 供应商 ORDER BY 供应商名称
标签	Label_form	标题	日期范围：
文本框	Txt_date1	所有属性	
标签	Label_to	标题	至
文本框	Txt_date2	所有属性	

(续表)

控件类型	控件名称	属性	属性值
标签	Label_rule	标题	格式为 yy-mm-dd
标签	Label_person	标题	经办人
文本框	Txt_person	所有属性	默认
子窗体	进货资料查询子窗体	源对象	查询.进货资料查询
按钮	Btn_query	标题	查询
按钮	Btn_cancel	标题	清除
按钮	Btn_return	标题	返回

8. "密码管理"窗体

"密码管理"窗体便于管理员增加、修改和删除该用户。为了记录修改的密码，还要设计窗体"新密码"，用以记录用户的新密码。如表 9-57 是"密码管理"窗体。

表 9-57 "密码管理"窗体

控件类型	控件名称	属性	属性值
按钮	Btn_add	标题	增加
按钮	Btn_xiugai	标题	修改
按钮	Btn_del	标题	删除
按钮	Btn_return	标题	返回
标签	Label_name	标题	用户名：
文本框	Txt_name		
标签	Label_pwd	标题	密码：
文本框	Txt_pwd		
标签	Label_pwd2	标题	新密码：
文本框	Txt_pwd2		

如表 9-58 是"新密码"窗体。

表 9-58 "新密码"窗体

控件类型	控件名称	属性	属性值
标签	Label_pwd1	标题	请输入新密码：
文本框	New_pwd1		
标签	Label_pwd2	标题	请再次输入：
文本框	New_pwd2		
按钮	Command1	标题	确定
按钮	Command0	标题	取消

9.3.5　创建查询

查询是以数据库中的数据为数据源，根据给定的条件从指定的表或查询中检索出用户要求的数据，形成一个新的数据集合。

前面的操作已经基本完成了进销存管理系统窗体的设计，但是这些窗体都是一些静态的页面，还必须通过建立相应的查询和编码，才能使系统真正实现交互。

1. "订单处理查询"的设计

"订单处理查询"是在"订单"窗口中提供的一个功能。用户通过输入订单号，来查询订单处理的明细情况。可使用"查询向导"来创建该查询，步骤如下：

(1) 在"创建"选项卡中单击"查询"组中的"查询设计"按钮。

(2) 系统进入到查询"设计视图"，并弹出"显示表"对话框。

(3) 在"显示表"对话框中，选择"订单处理明细"表，单击"添加"按钮，将该表添加到查询"设计视图"中；依次选择该表中的全部字段，并按下鼠标左键将其拖动到查询设计网格中。

(4) 右击"订单编号"字段查询网格的"条件"行，在弹出的快捷菜单中选择"生成器"选项；在弹出的"表达式生成器"对话框，为查询的字段设置条件："[Form]![订单]![订单编号]"，这样就把查询中的"订单编号"和窗体上的"订单编号"关联起来了。

(5) 保存该查询为"订单处理查询"，以完成该查询的创建。

2. "供应商销售查询"的设计

对于供应商资料的查询，主要考虑通过客户的订单信息来查询供应商的销售信息，然后通过窗体显示查询结果。步骤如下：

(1) 在"创建"选项卡中单击"查询"组中的"查询设计"按钮。

(2) 系统进入到查询"设计视图"，并弹出"显示表"对话框。

(3) 在"显示表"对话框中，依次把"供应商"表、"订单"表和"产品信息"表添加到查询的"设计视图"中，关闭该对话框。

(4) 双击字段，即可将该字段加入到查询设计网格中。其字段信息如表 9-59 所示。

表 9-59　字段信息 5

字段	表	排序	条件
供应商编号	供应商	无	[Form]![供应商]![供应商编号]
供应商名称	供应商	无	
产品编号	产品信息	升序	
产品名称	产品信息	无	
产品类别	产品信息	无	
订购数量	订单	无	

(续表)

字段	表	排序	条件
预定时间	订单	无	Between [Forms]![供应商]![txt_date1] And [Forms]![供应商]![txt_date2]

(5) 为字段添加查询条件：右击字段查询网格的"条件"行，在弹出的快捷菜单中选择"生成器"选项，在弹出的"表达式生成器"对话框中，为相应字段设置查询条件即可。

(6) 保存该查询为"供应商销售查询"。

3. "进货资料查询"的设计

步骤同上。相关表为"入库记录"表、"产品信息"表和"供应商"表。建立的字段信息如表 9-60 所示。

表 9-60　字段信息 6

字段	表	排序	条件
入库编号	入库记录	无	
业务类别	入库记录	无	
产品编号	产品信息	无	
产品名称	产品信息	无	
产品类别	产品信息	无	
供应商编号	供应商	无	
供应商名称	供应商	无	
入库时间	入库记录	升序	
入库单价	入库记录	无	
入库数量	入库记录	无	
入库金额	入库记录	无	
经办人	入库记录	无	

注：在此处没有设置字段的条件，是因为设计这个窗体的时候，直接用窗体的过滤设置来获得查询结果。

保存该查询为"进货资料查询"即可完成创建。

4. "库存查询"的设计

步骤同上。相关表为"库存"表、"产品信息"表。右击"产品编号"字段的"条件"行，在弹出的快捷菜单中选择"生成器"选项，在对话框中设置条件："[Form]![产品进库]![产品编号]"，以将其和窗体上的控件值关联。

保存该查询为"库存查询"。

9.3.6 报表的实现

Access 提供了强大的报表功能，通过系统的报表向导，可以实现很多复杂的报表显示和打印。本小节将分别实现"订单查询"报表、"供应商销售"报表、"库存"报表的创建。

1. "订单查询"报表

在"订单表"窗体中，提供了一个订单查询的功能，用来查询订单处理明细。现在就使用"订单查询"报表显示这个结果。步骤如下：

(1) 切换到"创建"选项卡，在"报表"组中单击"报表向导"按钮；

(2) 在弹出的"报表向导"对话框中，在"表/查询"下拉列表框中选择"查询：订单查询"，然后把所有字段作为选定字段；

(3) 单击"下一步"按钮，弹出添加分组级别对话框，不选择分组字段；

(4) 单击"下一步"按钮，弹出选择排序字段的对话框，选择通过"订单编号"排序，排序方式为"升序"；

(5) 单击"下一步"按钮，弹出选择布局方式对话框，选中"表格"单选按钮，方向为"纵向"；

(6) 单击"下一步"按钮，输入标题为"订单查询报表"，并选中"预览报表"单选按钮；

(7) 单击"完成"按钮。

2. "供应商查询"报表

步骤如下：

(1) 切换到"创建"选项卡，在"报表"组中单击"报表向导"按钮；

(2) 在弹出的"报表向导"对话框中，在"表/查询"下拉列表框中选择"查询：供应商销售查询"，然后把所有字段作为选定字段；

(3) 单击"下一步"按钮，弹出选择数据查看方式对话框，选择"通过 供应商"选项；

(4) 单击"下一步"按钮，弹出添加分组级别对话框，不选择分组字段；

(5) 单击"下一步"按钮，弹出选择排序字段的对话框，选择通过"预定时间"和"订购数量"排序，排序方式分别为"升序"和"降序"；

(6) 单击"下一步"按钮，弹出选择布局方式对话框，选择报表的样式为"办公室"；

(7) 单击"下一步"按钮，输入标题为"供应商销售报表"，并选中"预览报表"单选按钮；

(8) 单击"完成"按钮。

3. "库存"报表

建立库存报表之前，需要首先建立一个"库存查询"。步骤如下：

(1) 在"创建"选项卡上，单击"报表"组中的"报表向导"，在弹出的"报表向导"

对话框中，选择报表的数据源为"查询：库存查询"选项，然后把查询中的所有字段作为选定字段。

(2) 为报表添加分组级别"产品类别"，以把不同类别产品的信息分开。

(3) 单击"下一步"按钮，选择"产品编号"的"升序"为排序标准；选择布局为"递阶"，方向为"纵向"。

(4) 单击"下一步"按钮，输入标题"库存查询"，并选中"预览报表"单选按钮，单击"完成"按钮。

9.3.7 编码的实现

在上机各小节中创建的查询、窗体、报表等都是孤立的、静态的。比如在上面要查询员工出勤记录，双击查询以后都要手动输入参数，才能返回查询结果。

可以通过 VBA 程序，为各个孤立的数据库对象添加各种事件过程和通用过程，使它们连接在一起。

具体地，可以在"创建"选项卡，单击"宏与代码"组中的"模块"按钮，进入 VBA 编辑器，输入代码。

可以通过上述方法，为"登录"窗体、"切换面板"窗体、"发货确认"窗体、"供应商"窗体、"进货资料查询"窗体、"密码管理"窗体等设计代码。

另外，关于程序的系统设置和系统的运行，这里不在详述。

【实验总结】

该实验包括系统的基本信息管理和查询，包括产品信息、供应商信息、客户信息、订单信息及进出库信息等。通过该实例，可以掌握以下知识和技巧。

- 进销存管理系统的需求；
- 学会利用 Access 进行窗体、报表和查询的制作，以及完成数据库应用程序开发；
- 利用 Access 编写进销存管理系统。

第10章 全国计算机等级考试二级 Access模拟试题选择题

模拟试题一

1. 不属于 VBA 提供的程序运行错误处理的语句结构是(   )。

A. OnErrorThen 标号

B. OnErrorGoto 标号

C. OnErrorResumeNext

D. OnErrorGoto0

2. ADO 的含义是(   )。

A. 开放数据库互联应用编程接口

B. 数据库访问对象

C. 动态链接库

D. Active 数据对象

3. 已定义好有参函数 f(m)，其中形参 m 是整型量。下面调用该函数，传递实参为 5，将返回的函数数值赋给变量 t。以下正确的是(   )。

A. t=f(m)　　　　B. t=Callf(m)　　　　C. t=f(5)　　　　D. t=Callf(5)

4. 下面程序：

```
PrivateSubForm_Click()
Dimx, y, zAsInteger
x=5
y=7
z=0
CallP1(x, y, z)
PrintStr(z)
EndSub
SubP1(ByValaAsInteger, ByValbAsInteger, cAsInteger)
  c=a+b
  EndSub
```

运行后的输出结果为(   )。

A. 0　　　　　　B. 12　　　　　　C. Str(z)　　　　D. 显示错误信息

5. VBA 数据类型符号 "&" 表示的数据类型是(   )。

A. 整数　　　　B. 长整数　　　　C. 单精度数　　　　D. 双精度数

6. 在 Access 中已经建立了 "学生" 表，若查找 "学号" 是 "S00001" 或 "S00002" 的记录，应在查询设计视图的 "条件" 行中输入(   )。

A. "S00001"and"S00002"　　　　　　　B. not("S00001"and"S00002")

C. in("S00001"，"S00002")　　　　　　D. not　in("S00001"，"S00002")

7. 下列关于操作查询的叙述中，错误的是(　　)。

A. 在更新查询中可以使用计算功能

B. 删除查询可删除符合条件的记录

C. 生成表查询生成的新表是原表的子集

D. 追加查询要求两个表的结构必须一致

8. 若在数据库表的某个字段中存放演示文稿数据，则该字段的数据类型应是(　　)。

A. 文本型　　　　　B. 备注型　　　　　C. 超链接型　　　D. OLE 对象型

9. 下列关于数据库特点的叙述中，错误的是(　　)。

A. 数据库能够减少数据冗余　　　　　　B. 数据库中的数据可以共享

C. 数据库中的表能够避免一切数据的重复　D. OLE 对象型

10. 定义某一个字段默认值属性的作用是(　　)。

A. 不允许字段的值超出指定的范围

B. 在未输入数据前系统自动提供值

C. 在输入数据时系统自动完成大小写转换

D. 当输入数据超出指定范围时显示的信息

11. Access 适合开发的数据库应用系统是(　　)。

A. 小型　　　　　　B. 中型　　　　　C. 中小型　　　D. 大型

12. 在数据库系统中，数据的最小访问单位是(　　)。

A. 字节　　　　　　B. 字段　　　　　C. 记录　　　　D. 表

13. 用来测试当前读写位置是否达到文件末尾的函数是(　　)。

A. EOF　　　　　　B. FileLen　　　　C. Len　　　　D. LOF

14. 下列 Access 表的数据类型的集合，错误的是(　　)。

A. 文本、备注、数字　　　　　　　　　B. 备注、OLE 对象、超级链接

C. 通用、备注、数字　　　　　　　　　D. 日期/时间、货币、自动编号

15. 有关字段属性，以下叙述错误的是(　　)。

A. 字段大小可用于设置文本、数字或自动编号等类型字段的最大容量

B. 可对任意类型的字段设置默认值属性

C. 有效性规则属性是用于限制此字段输入值的表达式

D. 不同的字段类型，其字段属性有所不同

16. 以下关于查询的叙述正确的是(　　)。

A. 只能根据数据库表创建查询

B. 只能根据已建查询创建查询

C. 可以根据数据库表和已建查询创建查询

D. 不能根据已建查询创建查询

17. 字段名可以是任意想要的名字，最多可达(　　)个字符。

A. 16　　　　　　　B. 32　　　　　　　C. 64　　　　　　　D. 128

18. 以下关于主关键字的说法，错误的是(　　)。

A. 使用自动编号是创建主关键字最简单的方法

B. 作为主关键字的字段中允许出现 Null 值

C. 作为主关键字的字段中不允许出现重复值

D. 不能确定任何单字段的值得唯一性时，可以将两个或更多的字段组合成为主关键字

19. 对数据表进行筛选操作的结果是(　　)。

A. 将满足条件的记录保存在新表中　　　　B. 隐藏表中不满足条件的记录

C. 将不满足条件的记录保存在新表中　　　D. 删除表中不满足条件的记录

20. 利用对话框提示用户输入参数的查询过程称为(　　)。

A. 选择查询　　　　B. 参数查询　　　　C. 操作查询　　　　D. SQL 查询

21. 下列表达式中，能正确表示条件"x 和 y 都是奇数"的是(　　)。

A. x Mod 2=0 And y Mod 2=0　　　　B. x Mod 2=0 Or y Mod 2=0

C. x Mod 2=1 And y Mod 2=1　　　　D. x Mod 2=1 Or y Mod 2=1

22. 在窗体上，设置控件 Command0 为不可见的属性是(　　)。

A. Command0.Colore　　　　　　　B. Command0.Caption

C. Command0.Enabled　　　　　　　D. Command0.Visible

23. 能够接受数值型数据输入的窗体控件是(　　)。

A. 图形　　　　　　B. 文本框　　　　　C. 标签　　　　　　D. 命令按钮

24. VBA 程序中，可以实现代码注释功能的是(　　)。

A. 方括号(〔〕)　　B. 冒号(：)　　　　C. 双引号(")　　　　D. 单引号(')

25. 宏操作 Quit 的功能是(　　)。

A. 关闭表　　　　　B. 退出宏　　　　　C. 退出查询　　　　D. 退出 Access

26. 发生在控件接收焦点之前的事件是(　　)。

A. Enter　　　　　　B. Exit　　　　　　C. GotFocus　　　　D. LostFocus

27. 要在报表上显示格式为"4/总 15 页"的页码，则计算控件的控件来源应设置为(　　)。

A. =[Page]&"/总"&[Pages]　　　　B. [Page]&"/总"&[Pages]

C. =[Page]/总[Pages]　　　　　　D. [Page]/总[Pages]

28. 宏是一个或多个(　　)的集合。

A. 事件　　　　　　B. 操作　　　　　　C. 关系　　　　　　D. 记录

29. 在宏的表达式中还可能引用到窗体或报表上控件的值。引用窗体控件的值可以用表达式(　　)。

A. Forms！窗体名！控件名　　　　　B. Forms！控件名

C. Forms！窗体名　　　　　　　　　D. 窗体名！控件名

30. 在 Access 中，如果要处理具有复杂条件或循环结构的操作，则应该使用的对象是（　　）。

    A. 窗体　　　　　　　B. 模块　　　　　　C. 宏　　　　　　D. 报表

31. 下列叙述中正确的是（　　）。

    A. 栈是一种先进先出的线性表　　　　B. 队列是一种后进先出的线性表

    C. 栈与队列都是非线性结构　　　　　D. 以上 3 种说法都不对

32. 下列关于二叉树的叙述中，正确的是（　　）。

    A. 叶子结点总是比度为 2 的结点少一个

    B. 叶子结点总是比度为 2 的结点多一个

    C. 叶子结点数是度为 2 的结点数的两倍

    D. 度为 2 的结点数是度为 1 的结点数的两倍

33. 算法的时间复杂度是指（　　）。

    A. 算法的执行时间　　　　　　　　　B. 算法所处理的数据量

    C. 算法程序中的语句或指令数　　　　D. 算法执行所需要的基本运算次数

34. 下列叙述中正确的是（　　）。

    A. 循环队列中有队头和队尾两个指针，因此，循环队列是非线性结构

    B. 在循环队列中，只需要队头指针就能反映队列中元素的动态变化情况

    C. 在循环队列中，只需要队尾指针就能反映队列中元素的动态变化情况

    D. 循环队列中元素的个数是由队头指针和队尾指针共同决定

35. 结构化程序设计的基本原则不包括（　　）。

    A. 多态性　　　　　　B. 自顶向下　　　　C. 模块化　　　　D. 逐步求精

36. 下列叙述中正确的是（　　）。

    A. 软件交付使用后还需要进行维护

    B. 软件一旦交付使用就不需要再进行维护

    C. 软件交付使用后其生命周期就结束

    D. 软件维护是指修复程序中被破坏的指令

37. 在软件开发中，需求分析阶段可以使用的工具是（　　）。

    A. N-S 图　　　　　　B. DFD 图　　　　　C. PAD 图　　　　D. 程序流程图

38. 下列叙述中正确的是（　　）。

    A. 数据库系统是一个独立的系统，不需要操作系统的支持

    B. 数据库技术的根本目标是要解决数据的共享问题

    C. 数据库管理系统就是数据库系统

    D. 以上 3 种说法都不对

39. 数据流图中带有箭头的线段表示的是（　　）。

    A. 控制流　　　　　　B. 事件驱动　　　　C. 模块调用　　　　D. 数据流

40. 有两个关系 R，S 如下：

R:

姓名	性别	籍贯	班级
张一	男	甘肃	13 国贸
王红	女	青海	13 会计

S:

姓名	性别	班级
张一	男	13 国贸
王红	女	13 会计

由关系 R 通过运算得到关系 S，则所使用的运算为(　　)。

A. 选择　　　　　　B. 投影　　　　　　C. 插入　　　　　D. 连接

模拟试题二

1. 在 Access 数据库中，一个关系就是一个(　　)。

A. 二维表　　　　B. 记录　　　　　　C. 字段　　　　D. 数据库综合数据

2. 设有部门和员工两个实体，每个员工只能属于一个部门，一个部门可以有多名员工，则部门与员工实体之间的联系类型是(　　)。

A. 多对多　　　　B. 一对多　　　　　C. 多对一　　　D. 一对一

3. 关系 R 和关系 S 的交运算是(　　)。

A. 由关系 R 和关系 S 的所有元组合并组成的集合，再删去重复的元组

B. 由属于 R 而不属于 S 的所有元组组成的集合

C. 由既属于 R 又属于 S 的元组组成的集合

D. 由 R 和 S 的元组连接组成的集合

4. 将表 A 的记录复制到表 B 中，且不删除表 B 中的记录，可以使用的查询是(　　)。

A. 删除查询　　B. 生成表查询　　　C. 追加查询　　　D. 交叉表查询

5. SQL 的功能包括(　　)。

A. 查找、编辑错误、控制、操纵

B. 数据定义创建数据表、查询、操纵添加删除修改、控制加密授权

C. 窗体 X、视图、查询 X、页 X

D. 控制、查询 X、删除、增加 X

6. 在 E-R 图中，用来表示实体的图形是(　　)。

A. 矩形　　　　　B. 椭圆形实体属性　　C. 菱形相互关系　　D.三角形

7. 要实现报表的分组统计，其操作区域是(　　)。

A. 报表页眉或报表页脚区域　　　　　　B. 页面页眉或页面页脚区域

C. 主体区域　　　　　　　　　　　　　D. 组页眉或组页脚区域

8. 以下不是报表数据来源的是(　　)。

A. 一个多表创建的查询　　　　　　　B. 一个表

C. 多个表　　　　　　　　　　　　　D. 一个单表创建的查询

9. 使用宏组的目的是(　　)。

A. 设计出功能复杂的宏

B. 设计出包含大量操作的宏一个宏也可以包含大量操作

C. 减少程序内存消耗

D. 对多个宏进行组织和管理打开一个可以看见全部的宏

10. SQL 的含义是(　　)。

A. 结构化查询语言　　　　　　　　　B. 数据定义语言

C. 数据库查询语言　　　　　　　　　D. 数据库操纵与控制语言

11. 下列函数中能返回数值表达式的整数部分值的是(　　)。

A. Abs(数字表达式)绝对值　　　　　B. Int(数值表达式)

C. Srq(数值表达式)开平方　　　　　D. Sgn(数值表达式)

12. 设关系 R 和 S 的元组个数分别为 10 和 30，关系 T 是 R 与 S 的笛卡尔积，则 T 的元组个数是(　　)。

A. 40　　　　　　　B. 100　　　　　　C. 300　　　　　　D. 900

13. 要从学生关系中查询学生的姓名和年龄所进行的查询操作属于(　　)。

A. 选择　　　　　　B. 投影　　　　　　C. 联结　　　　　D. 自然联结

14. 如果加载窗体，先被触发的事件是(　　)。

A. Load 事件　　　B. Open 事件　　　C. Click 事件　　　D. DdClick 事件

15. Access 数据库表中的字段可以定义有效性规则，有效性规则是(　　)。

A. 控制符　　　　　B. 文本　　　　　　C. 条件　　　　　D. 前 3 种说法都错

16. 在课程表中要查找课程名称中包含"计算机"的课程，对应"课程名称"字段的条件表达式是(　　)。

A. "计算机"　　　　B. "*计算机*"　　　C. Like"*计算机*"　　D. Like"计算机"

17. 要查询 2003 年度参加工作的职工，限定查询时间范围的准则为(　　)。

A. Between #2003-01-01# And #2003-12-31#

B. Between 2003-01-01 And 2003-12-31

C. <#2003-12-31#

D. >#2003-01-01#

18. VBA 程序的多条语句可以写在一行，其分隔符必须使用符号(　　)。

A. :　　　　　　　　B. "　　　　　　　C. ;　　　　　　　D. ,

19. 假设数据库中表 A 和表 B 建立了"一对多"关系，表 B 为"多"的一方，则下述说法中正确的是(　　)。

A. 表 A 中的一个记录能与表 B 中的多个记录匹配

B. 表 B 中的一个记录能与表 A 中的多个记录匹配

C. 表 A 中的一个字段能与表 B 中的多个字段匹配

D. 表 B 中的一个字段能与表 A 中的多个字段匹配

20. 用 SQL 语言描述"在教师表中查找女教师的全部信息",以下描述正确的是( )。

A. SELECT FROM 教师表 IF (性别="女")

B. SELECT 性别 FROM 教师表 IF (性别="女")

C. SELECT *FROM 教师表 WHERE(性别="女")

D. SELECT *FROM 性别 WHERE (性别="女")

21. 若不想修改数据库文件中的数据库对象,打开数据库文件时要选择( )。

A. 以独占方式打开　　B. 以只读方式打开　　C. 以共享方式打开　　D. 打开

22. 某文本型字段的值只能为字母且长度为 6,则可将该字段的输入掩码定义为( )。

A. AAAAAA 可为字母和数字　　　　　　B. LLLLLL 只能是字母

C. 000000 只能是数字且不可以有空格　　D. 999999 可为数字和空格

23. 在 SQL 语句中,检索要去掉重复组的所有元组,则在 SELECT 中使用( )。

A. All　　　　　　B. UNION　　　　　　C. LIKE　　　　　　D. DISTINCT

24. 有 SQL 语句:SELECT * FROM 教师 WHERE NOT(工资>3000 OR 工资<2000),与如上语句等价的 SQL 语句是( )。

A. SELECT*FROM 教师 WHERE 工资 BETWEEN 2000 AND 3000

B. SELECT*FROM 教师 WHERE 工资>2000 AND 工资<3000

C. SELECT*FROM 教师 WHERE 工资>2000 OR 工资<3000

D. SELECT*FROM 教师 WHERE 工资<=2000 AND 工资>=3000

25. 以下表达式合法的是( )。

A. 学号 Between 05010101 And 05010305　　B. [性别] = "男"Or [性别] = "女"

C. [成绩] >= 70 [成绩] <= 85　　　　　　D. [性别] Like "男"= [性别] = "女"

26. 在查询设计视图中设计排序时,如果选取了多个字段,则输出结果是( )。

A. 按设定的优先次序依次进行排序　　　　B. 按最右边的列开始排序

C. 按从左向右优先次序依次排序　　　　　D. 无法进行排序

27. Access 支持的查询类型有( )。

A. 选择查询、交叉表查询、参数查询、SQL 查询和动作查询

B. 基本查询、选择查询、参数查询、SQL 查询和动作查询

C. 多表查询、单表查询、交叉表查询、参数查询和动作查询

D. 选择查询、统计查询、参数查询、SQL 查询和动作查询

28. 以下关于查询的叙述正确的是( )。

A. 只能根据数据库表创建查询　　　　　B. 只能根据已建查询创建查询

C. 可以根据数据库表和已建查询创建查询　　D. 不能根据已建查询创建查询

29. 下面显示的是查询设计视图的"设计网格"部分，从所显示的内容中可以判断出该查询要查找的是( )。

A. 性别为"男"并且 2000 年以前参加工作的记录

B. 性别为"男"并且 2000 年以后参加工作的记录

C. 性别为"男"或者 2000 年以前参加工作的记录

D. 性别为"男"或者 2000 年以后参加工作的记录

30. 把 E-R 图转换成关系模型的过程，属于数据库设计的( )。

A. 概念设计　　　　　B. 逻辑设计　　　　　C. 需求分析　　　D. 物理设计

31. 窗体有 3 种视图，用于创建窗体或修改窗体的窗口是窗体的( )。

A. "设计"视图　　　　　　　　　　B. "窗体"视图

C. "数据表"视图　　　　　　　　　D. "透视表"视图

32. 为窗体中的命令按钮设置单击时发生的动作，应选择设置其属性对话框的( )。

A. 格式选项卡　　　B. 数据选项卡　　　C. 方法选项卡　　　D. 事件选项卡

33. 能够使用"输入掩码向导"创建输入掩码的字段类型是( )。

A. 数字和日期/时间　　　　　　　　B. 文本和货币

C. 文本和日期/时间　　　　　　　　D. 数字和文本

34. 若要查询成绩为 60～80 分之间(包括 60 分，不包括 80 分)的学生的信息，成绩字段的查询准则应设置为( )。

A. >60 or <80　　　B. >=60 And <80　　　C. >60 and <80　　D. IN(60，80)

35. 利用 Access 创建的数据库文件，其扩展名为( )。

A. ADP　　　　　B. MDB　　　　　C. FRM　　　　　D. DBF

36. 定义了二维数组 A(2 to 5, 5)，该数组的元素个数为( )。

A. 20　　　　　B. 24　　　　　C. 25　　　　　D. 36

37. 在 SQL 的 SELECT 语句中，用于实现条件选择运算的是( )。

A. FOR　　　　　B. WHILE　　　　　C. IF　　　　　D. WHERE

38. 不属于 Access 数据库对象的是( )。

A. 表　　　　　B. 文件　　　　　C. 窗体　　　　　D. 查询

39. 在表中，如果要设置性别字段的值只能是男和女，该字段的有效性规则设置应为( )。

A. "男" Or "女"　　　B. "男" And "女"　　　C. ="男女"　　　D. ="男" And ="女"

40. 若要求在文本框中输入文本时达到密码"*"号的显示效果，则应设置的属性是( )。

A. "默认值"属性　　　　　　　　　B. "标题"属性

C. "密码"属性　　　　　　　　　　D. "输入掩码"属性

模拟试题三

1. 在 SQL 查询中，where 子句的作用是(　　)。

A. 查询目标　　　B. 查询条件　　　C. 查询视图　　　D. 查询结果

2. 在 Access 中，如果要处理具有复杂条件或循环结构的操作，则应该使用的对象是(　　)。

A. 窗体　　　B. 模块　　　C. 宏　　　D. 报表

3. 数据结构主要研究的是数据的逻辑结构、数据的运算和(　　)。

A. 数据的方法　　　　　　　　B. 数据的存储结构

C. 数据的对象　　　　　　　　D. 数据的逻辑存储

4. 在一棵二叉树中，叶子结点共有 30 个，度为 1 的结点共有 40 个，则该二叉树中的总结点数共有(　　)个。

A. 89　　　B. 93　　　C. 99　　　D. 100

5. 下面 VBA 程序段运行时，内层循环的循环总次数是(　　)。

```
For  m=0 t0 7 step 3
  For  n=m-1 to m+1
  Next n
Next m
```

A. 4　　　B. 5　　　C. 8　　　D. 9

6. 如果设置报表上某个文本框的控件来源属性为"=3*2 7"，则预览此报表时，该文本框显示信息是(　　)。

A. 13　　　B. 3*2 7　　　C. 未绑定　　　D. 出错

7. 关系数据库管理系统能实现的专门关系运算包括(　　)。

A. 排序、索引、统计　　　　　　B. 选择、投影、连接

C. 关联、更新、排序　　　　　　D. 显示、打印、制表

8. 利用对话框提示用户输入参数的查询过程称为(　　)。

A. 参数查询　　　B. 选择查询　　　C. 操作查询　　　D. 交叉表查询

9. 在 Access 中，如果在模块的过程内部定义变量，则该变量的作用域为(　　)。

A. 局部范围　　　B. 程序范围　　　C. 全局范围　　　D. 模块范围

10. 若要查询课程名称为 access 的记录，在查询设计视图对应字段的准则中，错误的表达式是(　　)。

A. access　　　B. "access"　　　C. "*access*"　　　D. like "access"

11. 使用表设计器定义表中字段时，不是必须设置的内容是(　　)。

A. 字段名称　　　B. 说明　　　C. 字段属性　　　D. 数据类型

12. 数据库的故障恢复一般是由(　　)来执行恢复。

A. 电脑用户　　　B. 数据库恢复机制　　　C. 数据库管理员　　D. 系统普通用户

13. 在 Access 中已建立了"雇员"表，其中有可以存放照片的字段，在使用向导为该表创建窗体时，"照片"字段所使用的默认控件是(　　　)。

A. 图像框　　　　　B. 绑定对象框　　　　　C. 非绑定对象　　　D. 列表框

14. 假定在窗体中的通用声明段已经定义有如下的子过程：

```
Sub f(x as single,y as single)
    t=x
    x=y
    y=x
Endsub
```

在窗体上添加一个命令按钮(名为 command1)，然后编写如下事件过程：

```
Private sub command1_click()
A=10
    b=20
    f(a,b)
    msgbox a&b
Endsub
```

打开窗体运行后，单击命令按钮，消息框输出的值分别为(　　　)。

A. 20 和 10　　　　B. 10 和 20　　　　C. 10 和 10　　　　D. 20 和 20

15. 将 e . r 图转换到关系模式时，实体与联系都可以表示成(　　　)。

A. 属性　　　　　　B. 关系　　　　　　C. 记录　　　　　　D. 码

16. 对下列二叉树进行中序遍历的结果是(　　　)。

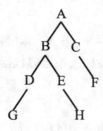

A. abcdefgh　　　　　B. abdgehcf　　　　C. gdbehacf　　　　D. gdhebfca

17. 下列关于二维表的说法错误的是(　　　)。

A. 二维表中的列称为属性　　　　　　　B. 属性值的取值范围称为值域

C. 二维表中的行称为元组　　　　　　　D. 属性的集合称为关系

18. 为窗体中的命令按钮设置单击鼠标时发生的动作，应选择设置其属性对话框的(　　　)。

A. "格式"选项卡　　　　　　　　　　　B. "事件"选项卡

C. "方法"选项卡　　　　　　　　　　　D. "数据"选项卡

19. f 列不属于软件工程 3 个要素的是(　　　)。

A. 工具　　　　　　B. 过程　　　　　　C. 方法　　　　　　D. 环境

20. 下列关于栈和队列的描述中，正确的是(　　)。

A. 栈是先进先出　　　　　　　　　　B. 队列是先进后出

C. 队列允许在队头删除元素　　　　　　D. 栈在栈顶删除元素

21. 下列不属于窗体的格式属性的是(　　)。

A. 记录选定器　　　B. 记录源　　　　C. 分隔线　　　　D. 浏览按钮

22. 能够接受数值型数据输入的窗体控件是(　　)。

A. 图形　　　　　　B. 文本框　　　　C. 标签　　　　　D. 命令按钮

23. 要设计出带表格线的报表，需要向报表中添加(　　)控件完成表格线的显示。

A. 标签　　　　　　B. 文本框　　　　C. 表格　　　　　D. 直线或矩形

24. 在使用 dim 语句定义数组时，在 缺省情况下数组下标的下限为(　　)。

A. 0　　　　　　　　B. 1　　　　　　　C. f　　　　　　　D. 必须指定下标

25. 关于通配符的使用，下面说法不正确的是(　　)。

A. 有效的通配符包括：t 问号(?)，表示问号所在的位置可以是任何一个字符；星号(*)，表示星号所在的位置可以是任何多个字符

B. 使用通配符搜索占星号、问号时，需要将搜索的符号放在方括号内

C. 在一个"日期"字段下面的"准则"单元中使用表达式：like "6 / * / 98"，系统会报错"日期类型不支持*等通配符"

D. 在文本的表达式中可使用通配符，例如可以在一个"姓"字段下面的"准则"单元中输入表达式："m*s"，查找姓为 morrris、masters 和 miller peters 等的记录

26. 为了使模块尽可能独立，要求(　　)。

A. 内聚程度要尽量高，耦合程度要尽量强

B. 内聚程度要尽量高，耦合程度要尽量弱

C. 内聚程度要尽量低，耦合程度要尽量弱

D. 内聚程度要尽量低，耦合程度要尽量强

27. 查看报表输出效果可以使用(　　)命令。

A. "打印"　　　　B. "打印预览"　　　C. "页面设置"　　　D. "数据库属性"

28. 在窗体上画一个名称为 cl 的命令按钮，然后编写如下事件过程：

```
  Private sub c1_click()
 A=0
  n=inputbox("")
  for i=1 to n
   for j=1 to i
  A=a+1
   next j
  next i
  print a
  Endsub
```

程序运行后单击 c1 命令按钮，如果输入 4，则在窗体上显示的内容是(　　)。

A. 5　　　　　　　　B. 6　　　　　　　C. 9　　　　　　　D. 10

29. 数据库系统在其内部具有三级模式，用来描述数据库中全体数据的全局逻辑结构和特性的是(　　)。

　　A. 外模式　　　　　　B. 概念模式　　　　　　C. 内模式　　　　　　D. 存储模式

30. 键盘事件是操作键盘所引发键盘事件，下列不属于键盘事件的是(　　)。

　　A. 击键　　　　　　B. 键按下　　　　　　C. 键释放　　　　　　D. 键锁定

31. 假设图书表中有一个时间字段，查找 2006 年出版的图书的准则是(　　)。

　　A. between #2006-01-01# and #2006-12-31#

　　B. between "2006-01-01" and "2006-12-31"

　　C. between "2006.01.01" and "2006.12.3-1"

　　D. #2006.01.01# and #2006.12.31#

32. 软件调试的目的是(　　)。

　　A. 发现错误　　　　B. 改善软件的性能　　C. 改正错误　　　　D. 验证软件的正确性

33. 表达式 1 3\2>1 Or6mod4<3andnot 1 的运算结果是(　　)。

　　A. -1　　　　　　B. 0　　　　　　C. 1　　　　　　D. 其他

34. 在 Access 的数据表删除一条记录，被删除的记录(　　)。

　　A. 不能恢复　　　　　　　　　　　B. 可恢复为第一条记录

　　C. 可恢复为最后一条记录　　　　　　D. 可恢复到原来设置

35. 如果一个教师可以讲授多门课程，一门课程可以由多个教师来讲授，则教师与课程存在的联系是(　　)。

　　A. 一对一　　　　B. 一对多　　　　C. 多对一　　　　D. 多对多

36. 下列不属于 Access 中定义主关键字的是(　　)。

　　A. 单字段　　　　B. 多字段　　　　C. 空字段　　　　D. 自动编号

37. 能够使用"输入掩码向导"创建输入掩码的字段类型的是(　　)。

　　A. 数字和文本　　　　　　　　　B. 文本和备注

　　C. 数字和日期/时间　　　　　　　D. 文本和日期/时间

38. 在教师表中如果要找出职称为"教授"的教师，所采用的关系运算是(　　)。

　　A. 选择　　　　B. 投影　　　　C. 连接　　　　D. 自然连接

39. 在数据库设计中，将 E-R 图转换成关系数据模型的过程属于(　　)。

　　A. 需求分析阶段　　B. 概念设计阶段　　C. 逻辑设计阶段　　D. 物理设计阶段

40. 将两个关系拼接成一个新的关系，生成的新关系中包含满足条件的元组，这种操作称为(　　)。

　　A. 投影　　　　B. 选择　　　　C. 除法　　　　D. 连接

模拟试题四

1. 下列叙述正确的是(　　)。

A. 算法就是程序

B. 设计算法时只需要考虑数据结构的设计

C. 设计算法时只需要考虑结果的可靠性

D. 以上 3 种说法都不对

2. 下列叙述中正确的是(　　　)。

A. 有一个以上根结点的数据结构不一定是非线性结构

B. 只有一个根结点的数据结构不一定是线性结构

C. 循环链表是非线性结构

D. 双向链表是非线性结构

3. 下列不属于 Access 2010 提供的窗体类型是(　　　)。

A. 表格式窗体　　　　　　　　　　　　B. 数据表窗体

C. 图形窗体　　　　　　　　　　　　　D. 图表窗体

4. 软件生命周期中的活动不包括(　　　)。

A. 市场调研　　　　　B. 需求分析　　　　　C. 软件测试　　　　　D. 软件维护

5. 某系统总体结构图如下图所示:

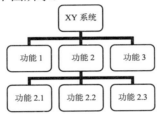

该系统总体结构图的深度是(　　　)。

A. 7　　　　　　　　　B. 6　　　　　　　　　C. 3　　　　　　　　　D. 2

6. 程序调试的任务是(　　　)。

A. 设计测试用例　　　　　　　　　　　B. 验证程序的正确性

C. 发现程序中的错误　　　　　　　　　D. 诊断和改正程序中的错误

7. 下列关于数据库设计的叙述中,正确的是(　　　)。

A. 在需求分析阶段建立数据字典　　　　B. 在概念设计阶段建立数据字典

C. 在逻辑设计阶段建立数据字典　　　　D. 在物理设计阶段建立数据字典

8. 数据库系统的三级模式不包括(　　　)。

A. 概念模式　　　　　B. 内模式　　　　　C. 外模式　　　　　D. 数据模式

9. 有 3 个关系 R,S 和 T 如下:

R:

A	B	C
a	1	2
b	2	1
c	3	1

S:

A	D
c	4

T:

A	B	C	D
c	3	1	4

则由关系 R 和 S 得 到关系 T 的操作是(　　)。

A. 自然连接　　　　B. 交　　　　　　C. 投影　　　　D. 并

10. 下列选项中属于面向对象设计方法主要特征的是(　　)。

A. 继承　　　　　　B. 自顶向下　　　C. 模块化　　　D. 逐步求精

11. 下列关于数据库的叙述中，正确的是(　　)。

A. 数据库减少了数据冗余

B. 数据库避免了数据冗余

C. 数据库中的数据一致性是指数据类型一致

D. 数据库系统比文件系统能够管理更多数据

12. Access 字段名不能包含的字符是(　　)。

A. @　　　　　　　B. !　　　　　　　C. %　　　　　　D. &

13. 某数据表中有 5 条记录，其中"编号"为文本型字段，其值分别为：129、97、75、131、118，若按该字段对记录进行降序排序，则排序后的顺序应为(　　)。

A. 75、97、118、129、131　　　　　B. 118、129、131、75、97

C. 131、129、118、97、75　　　　　D. 97、75、131、129、118

14. 对要求输入相对固定格式的数据，例如电话号码 010-83950001，应定义字段的(　　)。

A. "格式"属性　　　　　　　　　　B. "默认值"属性

C. "输入掩码"属性　　　　　　　　D. "有效性规则"属性

15. 在筛选时，不需要输入筛选规则的方法是(　　)。

A. 高级筛选　　　　　　　　　　　B. 按窗体筛选

C. 按选定内容筛选　　　　　　　　D. 输入筛选目标筛选

16. 在 Access 中已经建立了"学生"表，若查找"学号"是"S00001"或"S00002"的记录，应在查询设计视图的"条件"行中输入(　　)。

A. "S00001" or "S00002"　　　　　B. "S00001" and "S00002"

C. in("S00001" or "S00002")　　　D. in("S00001" and "S00002")

17. 将表 A 的记录添加到表 B 中，要求保持表 B 中原有的记录，可以使用的查询是(　　)。

A. 选择查询　　　B. 追加查询　　　C. 更新查询　　　D. 生成表查询

18. 下列关于 SQL 命令的叙述中，正确的是(　　)。

A. UPDATE 命令中必须有 FROM 关键字

B. UPDATE 命令中必须有 INTO 关键字

C. UPDATE 命令中必须有 SET 关键字

D. UPDATE 命令中必须有 WHERE 关键字

部门号	商品号	商品名称	单价	数量	产地
40	0101	A牌电风扇	200.00	10	广东
40	0104	A牌微波炉	350.00	10	广东
40	0105	B牌微波炉	600.00	10	广东
20	1032	C牌传真机	1000.00	20	上海
40	0107	D牌微波炉	420.00	10	北京
20	0110	A牌电话机	200.00	50	广东
20	0112	B牌手机	2000.00	12	广东
40	0202	A牌电冰箱	3000.00	2	广东
30	1041	B牌计算机	6000.00	10	广东
30	0204	C牌计算机	10000.00	10	上海

19. 数据库中有"商品"表如下：

执行 SQL 命令：

SELECT * FROM 商品 WHERE 单价(SELECT 单价 FROM 商品 WHERE 商品号 ="0112")

查询结果中的记录数是(　　)。

A. 1　　　　　　　　B. 3　　　　　　　　C. 4　　　　　　　　D. 10

20. 在上题的"商品"表中，若要查找出单价大于等于 3 000 并且小于 10 000 的记录，正确的 SQL 命令是(　　)。

A. SELECT * FROM 商品 WHERE 单价 BETWEEN 3000 AND 10000

B. SELECT * FROM 商品 WHERE 单价 BETWEEN 3000 TO 10000

C. SELECT * FROM 商品 WHERE 单价 BETWEEN 3000 AND 9999

D. SELECT * FROM 商品 WHERE 单价 BETWEEN 3000 TO 9999

21. 下列选项中，所有控件共有的属性是(　　)。

A. Caption　　　　　B. Value　　　　　C. Text　　　　　D. Name

22. 要使窗体上的按钮运行时不可见，需要设置的属性是(　　)。

A. Enable　　　　　B. Visible　　　　　C. Default　　　　　D. Cancel

23. 窗体主体的 BackColor 属性用于设置窗体主体的是(　　)。

A. 高度　　　　　　B. 亮度　　　　　　C. 背景色　　　　　D. 前景色

24. 若要使某命令按钮获得控制焦点，可使用的方法是(　　)。

A. LostFocus　　　　B. SetFocus　　　　C. Point　　　　　D. Value

25. 可以获得文本框当前插入点所在位置的属性是(　　)。

A. Position　　　　　B. SelStart　　　　C. SelLength　　　　D. Left

26. 要求在页面页脚中显示"第 X 页，共 Y 页"，则页脚中的页码"控件来源"应设置为(　　)。

　　A. ="第" & [pages] & "页，共" & [page] & "页"

　　B. ="共" & [pages] & "页，第" & [page] & "页"

　　C. ="第" & [page] & "页，共" & [pages] & "页"

　　D. ="共" & [page] & "页，第" & [pages] & "页"

27. 一个窗体上有两个文本框，其放置顺序分别是：Text1，Text2，要想在 Text1 中按"回车"键后焦点自动转到 Text2 上，需编写的事件是(　　)。

　　A. Private Sub Text1_KeyPress(KeyAscii As Integer)

　　B. Private Sub Text1_LostFocus()

　　C. Private Sub Text2_GotFocus()

　　D. Private Sub Text1_Click()

28. 将逻辑型数据转换成整型数据，转换规则是(　　)。

　　A. 将 True 转换为-1，将 False 转换为 0

　　B. 将 True 转换为 1，将 False 转换为-1

　　C. 将 True 转换为 0，将 False 转换为-1

　　D. 将 True 转换为 1，将 False 转换为 0

29. 对不同类型的运算符，优先级的规定是(　　)。

　　A. 字符运算符>算术运算符>关系运算符>逻辑运算符

　　B. 算术运算符>字符运算符>关系运算符>逻辑运算符

　　C. 算术运算符>字符运算符>逻辑运算符>关系运算符

　　D. 字符运算符>关系运算符>逻辑运算符>算术运算符

30. VBA 中构成对象的三要素是(　　)。

　　A. 属性、事件、方法　　　　　　　　B. 控件、属性、事件

　　C. 窗体、控件、过程　　　　　　　　D. 窗体、控件、模块

31. 表达式 X+1>X 是(　　)。

　　A. 算术表达式　　　B. 非法表达式　　　C. 关系表达式　　　D. 字符串表达式

32. 如有数组声明语句 Dim a(2, -3 to 2, 4)，则数组 a 包含元素的个数是(　　)。

　　A. 40　　　　　　　B. 75　　　　　　　C. 12　　　　　　　D. 90

33. 表达式 123 + Mid$("123456", 3, 2)的结果是(　　)。

　　A. "12334"　　　　B. 12334　　　　　　C. 123　　　　　　D. 157

34. InputBox 函数的返回值类型是(　　)。

　　A. 数值　　　　　　　　　　　　　　B. 字符串

　　C. 变体　　　　　　　　　　　　　　D. 数值或字符串(视输入的数据而定)

35. 删除字符串前导和尾随空格的函数是(　　)。

　　A. Ltrim()　　　　　B. Rtrim()　　　　　C. Trim()　　　　　D. Lcase()

36. 有以下程序段:

```
k=5
For  i=1 to 10 step 0
     k=k+2
Next i
```

执行该程序段后，结果是(　　)。

A. 语法错误   B. 形成无限循环

C. 循环体不执行直接结束循环   D. 循环体执行一次后结束循环

37. 运行下列程序，显示的结果是(　　)。

```
s=0
For i=1 To 5
     For  j=1 To i
For  k=j To 4
s=s+1
Next  k
     Next  j
Next  i
MsgBox s
```

A. 4   B. 5   C. 38   D. 40

38. 在 VBA 代码调试过程中，能显示出所有在当前过程中的变量声明及变量值的是(　　)。

A. 快速监视窗口   B. 监视窗口   C. 立即窗口   D. 本地窗口

39. 下列只能读不能写的文件打开方式是(　　)。

A. Input   B. Output   C. Random   D. Append

40. 在窗体中添加一个名称为 Command1 的命令按钮，然后编写如下事件代码:

```
Private Sub Command1_Click()
  s="ABBACDDCBA"
  For i=6 To 2 Step -2
   x=Mid(s,i,i)
   y=Left(s,i)
   z=Right(s,i)
   z=x & y & z
  Next i
  MsgBox z
End Sub
```

窗体打开运行后，单击命令按钮，则消息框的输出结果是(　　)。

A. AABAAB   B. ABBABA   C. BABBA   D. BBABBA

模拟试题五

1. 下列叙述中正确的是(　　)。

A. 线性表是线性结构 　　　　　　　B. 栈与队列是非线性结构

C. 线性链表是非线性结构 　　　　　　D. 二叉树是线性结构

2. 算法的空间复杂度是指(　　　)。

A. 算法程序的长度 　　　　　　　　B. 算法程序中的指令条数

C. 算法程序所占的存储空间 　　　　　D. 算法执行过程中所需要的存储空间

3. 软件设计包括软件的结构、数据、接口和过程设计,其中软件的过程设计是指(　　　)。

A. 模块间的关系 　　　　　　　　　B. 系统结构部件转换成软件的过程描述

C. 软件层次结构 　　　　　　　　　D. 软件开发过程

4. 软件调试的目的是(　　　)。

A. 发现错误 　　　　　　　　　　　B. 改正错误

C. 改善软件的性能 　　　　　　　　D. 挖掘软件的潜能

5. 软件需求分析阶段的工作,可以分为 4 个方面:需求获取、需求分析、编写需求规格说明书以及(　　　)。

A. 阶段性报告　　　B. 需求评审　　　C. 总结　　　D. 都不正确

6. 程序流程图(PFD)中的箭头代表的是(　　　)。

A. 数据流　　　B. 控制流　　　C. 调用关系　　　D. 组成关系

7. 下述关于数据库系统的叙述中正确的是(　　　)。

A. 数据库系统减少了数据冗余

B. 数据库系统避免了一切冗余

C. 数据库系统中数据的一致性是指数据类型的一致

D. 数据库系统比文件系统能管理更多的数据

8. 将 E-R 图转换到关系模式时,实体与联系都可以表示成(　　　)。

A. 属性　　　B. 关系　　　C. 键　　　D. 域

9. 关系数据库的任何检索操作都是由 3 种基本运算组合而成的,这 3 种基本运算不包括(　　　)。

A. 连接　　　B. 比较　　　C. 选择　　　D. 投影

10. 设有如下关系:

R:

A	B	C
a	1	2
b	2	1
c	3	1

S:

A	B	C
c	3	1

T:

A	B	C
c	3	1

则下列操作中,正确的是(　　　)。

A. T=R∩S　　　B. T=R∪S　　　C. T=R×S　　　D. T=R/S

11. 要求主表中没有相关记录时就不能将记录添加到相关表中,则应该在表关系中设置(　　　)。

A. 参照完整性　　　B. 有效性规则　　　C. 输入掩码　　　D. 级联更新相关字段

12. 在超市营业过程中，每个时段要安排一个班组上岗值班，每个收款口要配备两名收款员配合工作，共同使用一套收款设备为顾客服务。在数据库中，实体之间属于一对一关系的是(　　)。

A. "顾客"与"收款口"的关系　　　　　B. "收款口"与"收款员"的关系

C. "班组"与"收款员"的关系　　　　　D. "收款口"与"设备"的关系

13. 在 Access 表中，可以定义 3 种主关键字，它们是(　　)。

A. 单字段、双字段和多字段　　　　　B. 单字段、双字段和自动编号

C. 单字段、多字段和自动编号　　　　　D. 双字段、多字段和自动编号

14. 数据类型是(　　)。

A. 字段的另一种说法

B. 决定字段能包含哪类数据的设置

C. 一类数据库应用程序

D. 一类用来描述 Access 表向导允许从中选择的字段名称

15. 能够使用"输入掩码向导"创建输入掩码的字段类型的是(　　)。

A. 数字和日期/时间　　　　　　　　B. 文本和货币

C. 文本和日期/时间　　　　　　　　D. 数字和文本

16. 条件"Not 工资额>2 000"的含义是(　　)。

A. 选择工资额大于 2 000 的记录

B. 选择工资额小于 2 000 的记录

C. 选择除了工资额大于 2 000 之外的记录

D. 选择除了字段工资额之外的字段，且大于 2 000 的记录

17. 下图是使用查询设计器完成的查询，与该查询等价的 SQL 语句是(　　)。

A. select 学号，数学 from sc where 数学>(select avg(数学) from sc)

B. select 学号 where 数学>(select avg(数学) from sc)

C. select 数学 avg(数学) from sc

D. select 数学>(select avg(数学) from sc)

18. 在 Access 中已建立了"工资"表，表中包括"职工号""所在单位""基本工资"和"应发工资"等字段，如果要按单位统计应发工资总数，那么在查询设计视图的"所在单位"的"总计"行和"应发工资"的"总计"行中分别选择的是(　　　)。

A. sum，group by　　　　　　　　B. count，group by

C. group by，sum　　　　　　　　D. group by，count

19. VBA 程序的多条语句可以写在一行中，其分隔符必须使用符号(　　　)。

A. :　　　　　　　B. '　　　　　　　C. ;　　　　　　　D. ,

20. 窗体上添加有 3 个命令按钮，分别命名为 Command1、Command2 和 Command3。编写 Command1 的单击事件过程，完成的功能为：当单击按钮 Command1 时，按钮 Command2 可用，按钮 Command3 不可见。以下正确的是(　　　)。

A.
```
Private Sub Command1_Click()
    Command2.Visible=True
    Command3.Visible=False
End Sub
```
B.
```
Private Sub Command1_Click()
    Command2.Enabled=True
    Command3.Enabled=False
End Sub
```
C.
```
Private Sub Command1_Click()
    Command2.Enabled=True
    Command3.Visible=False
End Sub
```
D.
```
Private Sub Command1_Click()
    Command2.Visible=True
    Command3.Enabled=False
End Sub
```

21. 建立一个基于"学生"表的查询，要查找"出生日期"(数据类型为日期/时间型)在 1980-06-06 和 1980-07-06 间的学生，在"出生日期"对应列的"条件"行中应输入的表达式是(　　　)。

A. between 1980-06-06 and 1980-07-06

B. between #1980-06-06# and #1980-07-06#

C. between 1980-06-06 or 1980-07-06

D. between #1980-06-06# or #1980-07-06#

22. 要限制宏操作的操作范围，可以在创建宏时定义(　　　)。

A. 宏操作对象　　　　　　　　　　B. 宏条件表达式

C. 窗体或报表控件属性　　　　　　D. 宏操作目标

23. 使用 VBA 的逻辑值进行算术运算时，True 值被处理为(　　　)。

A. -1　　　　　　　　B. 0　　　　　　　　C. 1　　　　　　　D. 任意值

24. 在报表每一页的底部都输出信息，需要设置的区域是(　　　)。

A. 报表页眉　　　　　　B. 报表页脚　　　　　C. 页面页眉　　　　　D. 页面页脚

25. 在报表中，要计算"数学"字段的最高分,应将控件的"控件来源"属性设置为(　　　)。

A. =Max([数学])　　　B. Max(数学)　　　　C. =Max[数学]　　　D. =Max(数学)

26. 在窗体上添加一个命令按钮(名为 Command1)和一个文本框(名为 Text1)，并在命令按钮中编写如下事件代码：

```
Private Sub Command1_Click()
  m=2.17
  n=Len(Str$(m)+Space(5))
  Me!Text1=n
End Sub
```

打开窗体运行后，单击命令按钮，在文本框中显示(　　　)。

A. 5　　　　　　　　　B. 8　　　　　　　　C. 9　　　　　　　D. 10

27. VBA 中去除前后空格的函数是(　　　)。

A. LTrim　　　　　　　B. Rtrim　　　　　　C. Trim　　　　　　D. Ucase

28. 执行下面的程序段后，x 的值为(　　　)。

```
x = 5
For i = 1 To 20 Step 2
  x = x + i\ 5
Next i
```

A. 21　　　　　　　　　B. 22　　　　　　　　C. 23　　　　　　　D. 24

29. VBA 中定义符号常量可以用关键字(　　　)。

A. Const　　　　　　　B. Dim　　　　　　　C. Public　　　　　　D. Static

30. 下列程序段的功能是实现"学生"表中"年龄"字段值加 1：

```
Dim Str As String (共35题)
Str="_____"
Docmd.RunSQL Str
```

空白处应填入的程序代码是(　　　)。

A. 年龄=年龄+1　　　　　　　　　　　B. Update 学生 Set 年龄=年龄+1

C. Set 年龄=年龄+1　　　　　　　　　D. Edit 学生 Set 年龄=年龄+1

31. 在窗体中添加一个名称为 Command1 的命令按钮，然后编写如下程序：

```
Public x As Integer
Private Sub Command1_Click()
  x=10
  Call s1
  Call s2
  MsgBox x
End Sub
```

```
Private Sub s1()
  x=x+20
End Sub
Private Sub s2()
  Dim x As Integer
  x=x+20
End Sub
```

窗体打开运行后，单击命令按钮，则消息框的输出结果为(　　)。

A. 10　　　　　　　　B. 30　　　　　　　　C. 40　　　　　　　　D. 50

32. 下列过程的功能是：通过对象变量返回当前窗体的 Recordset 属性记录集引用，消息框中输出记录集的记录(即窗体记录源)个数。

```
Sub  GetRecNum()
  Dim rs As Object
  Set rs = Me.Recordset
  MsgBox _____
End Sub
```

程序空白处应填写的是(　　)。

A. Count　　　　　　B. rs.Count　　　　　　C. RecordCount　　　　D. rs.RecordCount

33. 在窗体中添加一个名称为 Command1 的命令按钮，然后编写如下事件代码：

```
Private Sub Command1_Click()
  Dim a(10, 10)
  For m=2 To 4
    For n=4 To 5
  A(m, n)=m*n
    Next n
  Next m
  MsgBox a(2, 5)+a(3, 4)+a(4, 5)
End Sub
```

窗体打开运行后，单击命令按钮，则消息框的输出结果是(　　)。

A. 22　　　　　　　　B. 32　　　　　　　　C. 42　　　　　　　　D. 52

34. 设有如下程序：

```
Private Sub Command1_Click( )
  Dim sum As Double,  x As Double
  sum = 0
  n = 0
  For i=1 To 5
    x = n / i
    n = n + 1
  sum = sum + x
  Next i
End Sub
```

该程序通过 For 循环来计算一个表达式的值，这个表达式是(　　)。

A. 1+1/2+2/3+3/4+4/5　　　　　　　　B. 1+1/2+1/3+1/4+1/5

C. 1/2+2/3+3/4+4/5　　　　　　　　　D. 1/2+1/3+1/4+1/5

35. 在窗体中使用一个文本框(名为 n)接受输入的值，有一个命令按钮 run，事件代码如下：

```
Private Sub run_Click( )
  result = ""
  For  i= 1 To Me!n
    For  j = 1 To Me!n
      result = result + "*"
    Next j
    result = result + Chr(13) + Chr(10)
  Next i
  MsgBox result
End Sub
```

打开窗体后，如果通过文本框输入的值为 4，单击命令按钮后输出的图形是(　　　)。

```
A.  * * * *                    B.      *
    * * * *                          * * *
    * * * *                        * * * * *
    * * * *                      * * * * * * *

C.  * * * *                    D.  * * * *
    * * * * * *                    * * * *
    * * * * * * * *                * * * *
    * * * * * * * * * *            * * * *
```

36. 有以下循环结构：

```
For K=2 To 12 Step 2
    K=2*K
Next K
```

其循环次数为(　　　)。

A. 1　　　　　　　　B. 2　　　　　　　　C. 3　　　　　　　　D. 4

37. 某数据表中有 5 条记录，其中文本型字段"成绩"的值分别为：125、98、85、141，则升序排序后，该字段内容先后顺序为(　　　)。

A. 125 98 85 141　　　　　　　　　B. 125 141 85 98

C. 141 125 98 85　　　　　　　　　D. 98 85 141 125

38. 假定窗体的名称为 fmTest，则把窗体的标题设置为"Access Test"的语句是(　　　)。

A. Me= "Access Test"　　　　　　　B. Me.Caption = "Access Test"

C. Me.text="Access Test"　　　　　　D. Me.Name = "Access Test"

39. 在窗体中添加一个命令按钮(名称为 Command1)，然后编写如下代码：

```
Private Sub Command1_Click()
    a=0:b=5:c=6
```

```
    MsgBox a=b+c
Endsub
```

窗体打开运行后，如果单击命令按钮，则消息框的输出结果为(   )。

A. 11   B. a=11   C. 0   D. False

40. 假定有以下程序段：

```
S=0
For i=1 to 10
    S=S+i
Next i
```

运行完毕后，S 的值是(   )。

A. 0   B. 50   C. 55   D. 不确定

第11章 全国计算机等级考试二级 Access模拟试题上机操作题

模拟试题一

1. 基本操作

在考生文件夹下，samp1.accdb 数据库文件中已建立两个表对象"员工表"和"部门表"。试按以下要求，顺序完成表的各种操作：

(1) 在考生文件夹下的 samp1.accdb 数据库文件中建立表 tTeacher，表结构如下。

编号	姓名	性别	工作时间	在职否	邮箱密码	联系电话
字符型	字符型	字符型	日期时间型	是否型	字符型	字符型
6	4	1			6	12

(2) 根据 tTeacher 表的结构，判断并设置主键。

(3) 设置"工作时间"字段的有效性规则为：只能输入上一年度五月一日以前(含)的日期(要求：本年度年号必须用函数获取)。

(4) 将"在职否"字段的默认值设置为真值，设置"邮箱密码"字段的输入掩码为：将输入的密码显示为 6 位星号(密码)，设置"联系电话"字段的输入掩码：要求前 4 位为"010-"，后 8 位为数字。

(5) 将"性别"字段值的输入设置为"男""女"列表选择。

(6) 在"tTeacher"表中输入以下两条记录。

编号	姓名	性别	工作时间	在职否	邮箱密码	联系电话
T00001	张建国	男	1988/07/01	是	880701	01088888001
T00002	刘国庆	女	1999/06/20	是	990620	01088888002

2. 简单应用

考生文件夹下存在一个数据库文件 samp2.accdb，里面已经设计好 3 个关联表对象 tStud、tCourse、tScore 和一个空表 tTemp。按以下要求完成设计：

(1) 创建一个查询，查找并显示有书法或绘画爱好("简历"字段)学生的"学号""姓名""性别"和"年龄"4 个字段内容，所建查询命名为 qT1。

(2) 创建一个查询，查找成绩低于所有课程总平均分的学生信息，并显示"姓名""课程名"和"成绩"3 个字段内容,所建查询命名为 qT2。

(3) 以表对象 tScore 和 tCourse 为基础,创建一个交叉表查询。要求:选择学生的"学号"为行标题、"课程号"为列标题来统计输出学分小于 3 分的学生平均成绩,所建查询命名为 qT3。注意:交叉表查询不做各行小计。

(4) 创建追加查询,将表对象 tStud 中"学号""姓名""性别"和"年龄"4 个字段内容追加到目标表 tTemp 的对应字段内,所建查询命名为 qT4。(规定:"姓名"字段的第一个字符为姓,剩余字符为名。将姓名分解为姓和名两部分,分别追加到目标表的"姓"、"名"两个字段中)

3. 综合应用

考生文件夹下存在一个数据库文件 samp3.accdb,里面已经设计了表对象 tEmp、窗体对象 fEmp、宏对象 mEmp 和报表对象 rEmp。同时,给出窗体对象 fEmp 的"加载"事件和"预览"及"打印"两个命令按钮的单击事件代码,按以下功能要求补充设计:

(1) 将窗体 fEmp 上标签 bTitle 以特殊效果:阴影显示。

(2) 已知窗体 fEmp 的 3 个命令按钮中,按钮 bt1 和 bt3 的大小一致且居中对齐。现要求在不更改 bt1 和 bt3 大小位置的基础上,调整按钮 bt2 的大小和位置,使其大小与 bt1 和 bt3 相同,水平方向居中对齐于 bt1 和 bt3,竖直方向在 bt1 和 bt3 之间的位置。

(3) 在窗体 fEmp 的"加载"事件中设置标签 bTitle 以红色文本显示;单击"预览"按钮(名为 bt1)或"打印"按钮(名为 bt2),事件过程传递参数调用同一个用户自定义代码(mdPnt)过程,实现报表预览或打印输出;单击"退出"按钮(名为 bt3),调用设计好的宏 mEmp 来关闭窗体。

(4) 将报表对象 rEmp 的记录源属性设置为表对象 tEmp。

注:不允许修改数据库中的表对象 tEmp 和宏对象 mEmp;不允许修改窗体对象 fEmp 和报表对象 rEmp 中未涉及的控件和属性。程序代码只允许在*****Add*****与 *****Add*****之间的空行内补充一行语句、完成设计,不允许增删和修改其他位置已存在的语句。

模拟试题二

1. 基本操作

在考生文件夹下,samp1.accdb 数据库文件中已建立两个表对象"员工表"和"部门表"。按以下要求,顺序完成表的各种操作:

(1) 将"员工表"的行高设为 15。

(2) 设置表对象"员工表"的年龄字段有效性规则为：大于 17 且小于 65，同时设置相应有效性文本为"请输入有效年龄"。

(3) 在表对象"员工表"的"年龄"和"职务"两字段之间新增一个字段，字段名称为"密码"，数据类型为文本，字段大小为 6，同时，要求设置输入掩码使其以星号方式(密码)显示。

(4) 冻结员工表中的"姓名"字段。

(5) 将表对象"员工表"数据导出到考生文件夹下，以文本文件形式保存，命名为 Test.txt。要求，第一行包含字段名称，各数据项间以分号分隔。

(6) 建立表对象"员工表"和"部门表"的表间关系，实施参照完整性。

2. 简单应用

考生文件夹下存在一个数据库文件 samp2.accdb，里面已经设计好两个表对象 tEmployee 和 tGroup。试按以下要求完成设计：

(1) 创建一个查询，查找并显示没有运动爱好("简历"字段)的职工的"编号""姓名""性别""年龄"和"职务"5 个字段内容，所建查询命名为 qT1。

(2) 建立 tGroup 和 tEmployee 两表之间的一对多关系，并实施参照完整性。

(3) 创建一个查询，查找并显示聘期超过 5 年(使用函数)的开发部职工的"编号""姓名""职务"和"聘用时间"4 个字段内容，所建查询命名为 qT2。

(4) 创建一个查询，检索职务为经理的职工的"编号"和"姓名"信息，然后将两列信息合二为一输出(比如，编号为"000011"、姓名为"吴大伟"的数据输出形式为"000011 吴大伟")，并命名字段标题为"管理人员"，所建查询命名为 qT3。

3. 综合应用

考生文件夹下存在一个数据库文件 samp3.accdb，里面已经设计好表对象 tBorrow、tReader 和 tBook，查询对象 qT，窗体对象 fReader、报表对象 rReader 和宏对象 rpt。请在此基础上按照以下要求补充设计：

(1) 在报表的报表页眉节区内添加一个标签控件，其名称为 bTitle，标题显示为"读者借阅情况浏览"，字体名称为"黑体"，字号为 22，同时将其安排在距上边 0.5 厘米、距左侧 2 厘米的位置。

(2) 设计报表 rReader 的主体节区内 tSex 文本框控件依据报表记录源的"性别"字段值来显示信息。

(3) 将宏对象 rpt 改名为 mReader。

(4) 在窗体对象 fReader 的窗体页脚节区内添加一个命令按钮，命名为 bList，按钮标题为"显示借书信息"，其单击事件属性设置为宏对象 mReader。

(5) 窗体加载时设置窗体标题属性为系统当前日期。窗体"加载"事件代码已提供，请补充完整。

注：不允许修改窗体对象 fReader 中未涉及的控件和属性；不允许修改表对象 tBorrow、

tReader 和 tBook 及查询对象 qT；不允许修改报表对象 rReader 的控件和属性。程序代码只允许在*****Add*****与*****Add*****之间的空行内补充一行语句、完成设计，不允许增删和修改其他位置已存在的语句。

模拟试题三

1. 基本操作

在考生文件夹下，samp1.accdb 数据库文件中已建立两个表对象"职工表"和"部门表"。试按以下要求，顺序完成表的各种操作：

(1) 设置表对象"职工表"的聘用时间字段默认值为系统日期。

(2) 设置表对象"职工表"的性别字段有效性规则为：男或女；同时设置相应有效性文本为"请输入男或女"。

(3) 将表对象"职工表"中的"照片"字段修改为数据类型为"OLE 对象"；将编号为"000019"的员工的照片字段值，设置为考生文件夹下的图像文件"000019.bmp"数据。

(4) 删除职工表中姓名字段含有"江"字的所有员工记录。

(5) 将表对象"职工表"导出到考生文件夹下的 samp.accdb 空数据库文件中，要求只导出表结构定义，导出的表命名为"职工表 bk"。

(6) 建立当前数据库表对象"职工表"和"部门表"的表间关系，并实施参照完整性。

2. 简单应用

考生文件夹下存在一个数据库文件 samp2.accdb，里面已经设计好两个表对象 tA 和 tB。试按以下要求完成设计：

(1) 创建一个查询，查找并显示所有客人的"姓名""房间号""电话"和"入住日期" 4 个字段内容，所建查询命名为 qT1。

(2) 创建一个查询，能够在客人结账时根据客人的姓名统计这个客人已住天数和应交金额，并显示"姓名""房间号""已住天数"和"应交金额"，所建查询命名为 qT2。

注：①输入姓名时应提示"请输入姓名："；②应交金额=已住天数×价格。

(3) 创建一个查询，查找"身份证"字段第 4 位至第 6 位值为"102"的纪录，并显示"姓名""入住日期"和"价格" 3 个字段内容，所建查询命名为 qT3。

(4) 以表对象"tB"为数据源创建一个交叉表查询，使用房间号统计并显示每栋楼的各类房间个数。行标题为"楼号"，列标题为"房间类别"，所建查询命名为 qT4。

注：房间号的前两位为楼号。

3. 综合应用

考生文件夹下存在一个数据库文件 samp3.accdb，里面已经设计了表对象 tEmp、窗体对象 fEmp、报表对象 rEmp 和宏对象 mEmp。试在此基础上按照以下要求补充设计：

(1) 设置表对象 tEmp 中"聘用时间"字段的有效性规则为：2006 年 9 月 30 日(含)以前的时间、相应有效性文本设置为"输入二零零六年九月以前的日期"；

(2) 设置报表 rEmp 按照"年龄"字段降序排列输出；将报表页面页脚区域内名为 tPage 的文本框控件设置为"页码-总页数"形式的页码显示(如 1-15、2-15、…)；

(3) 将 fEmp 窗体上名为 bTitle 的标签宽度设置为 5 厘米、高度设置为 1 厘米，设置其标题为"数据信息输出"并居中显示；

(4) fEmp 窗体上单击"输出"命令按钮(名为 btnP)，实现以下功能：计算 Fibonacci 数列第 19 项的值，将结果显示在窗体上名为 tData 的文本框内并输出到外部文件保存；单击"打开表"命令按钮(名为 btnQ)，调用宏对象 mEmp 以打开数据表 tEmp。

要求：调试完毕，必须单击"输出"命令按钮生成外部文件，才能得分。

试根据上述功能要求，对已给的命令按钮事件过程进行补充和完善。

注：不允许修改数据库中的宏对象 mEmp；不允许修改窗体对象 fEmp 和报表对象 rEmp 中未涉及的控件和属性；不允许修改表对象 tEmp 中未涉及的字段和属性；已给事件过程，只允许在*****Add*****与****Add******之间的空行内补充语句、完成设计，不允许增删和修改其他位置已存在的语句。

模拟试题四

1. 基本操作

在考生文件夹下，sampl.accdb 数据库文件中已建立表对象 tVisitor，同时在考生文件夹下还存有 exam.accdb 数据库文件。试按以下操作要求，完成表对象 tVisitor 的编辑和表对象 tLine 的导入：

(1) 设置游客 ID 字段为主键；

(2) 设置姓名字段为必填字段；

(3) 设置年龄字段的有效性规则属性为：大于等于 10 且小于等于 60；

(4) 设置年龄字段的有效性文本属性为："输入的年龄应在 10 岁到 60 岁之间，请重新输入！"；

(5) 在编辑完的表中输入如下一条新记录，其中"照片"字段输入采用对象文件插入的方法。照片文件名为"照片.JPG"，已保存在考生文件夹下。

游客 ID	姓名	性别	年龄	党员否	职务	聘用时间	简历
000031	王涛	男	35	√	主管	2004-9-1	熟悉系统维护

(6) 将 exam.accdb 数据库文件中的表对象 tLine 导入到 samp1.accdb 数据库文件内，表名不变。

2. 简单应用

考生文件夹下存在一个数据文件 samp2.accdb，里面已经设计好两个表对象 tBand 和 tLine。试按以下要求完成设计：

(1) 创建一个选择查询，查找并显示团队 ID、导游姓名、线路名、天数、费用等 5 个字段的内容，所建查询命名为 qT1；

(2) 创建一个选择查询，查找并显示旅游天数在 5 到 10 天之间(包括 5 天和 10 天)的线路名、天数和费用，所建查询名为 qT2；

(3) 创建一个选择查询，能够显示 tLine 表的所有字段内容，并添加一个优惠后价格，计算公式为：优惠后价格=费用*(1-10%)，所建查询名为 qT3；

(4) 创建一个删除查询，删除表 tBand 中出发时间在 2002 年以前的团队记录，所建查询命名为 qT4。

3. 综合应用

考生文件夹下存在一个数据文件 samp3.accdb，里面已经设计好窗体对象 fTest 及宏对象 m1。试在此基础上按照以下要求补充窗体设计：

(1) 在窗体的窗体页眉节区位置添加一个标签控件，其名称为 bTitle 标题显示为窗体测试样例；

(2) 在窗体主体节区内添加两个复选框控件，复选框选项按钮分别命名为 opt1 和 opt2，对应的复选框标签显示内容分别为"类型 a"和"类型 b"，标签名称分别为 bopt1 和 bopt2；

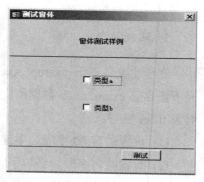

(3) 分别设置复选框选项按钮 opt1 和 opt2 的默认值属性为假值；

(4) 在窗体页脚节区位置添加一个命令按钮，命名为 bTest，按钮标题为测试；

(5) 设置命令按钮 bTest 的单击事件属性为给定的宏对象 m1；

(6) 将窗体标题设置为测试窗体。

注：不允许修改窗体对象 fTest 中未涉及的属性；不允许修改宏对象 m1。

模拟试题五

1. 基本操作

考生文件夹下存在一个数据库文件 samp1.accdb，里面已经设计好表对象 tStud。请按照以下要求，完成对表的修改：

(1) 设置数据表显示的字号大小为 14、行高为 18；

(2) 设置"简历"字段的设计说明为"自上大学起的简历信息"；

(3) 将"年龄"字段的数据类型改为"整型"字段大小的数字型；

(4) 将学号为"20011001"学生的照片信息换成考生文件夹下的 photo.bmp 图像文件；

(5) 将隐藏的"党员否"字段重新显示出来；

(6) 完成上述操作后，将"备注"字段删除。

2. 简单应用

考生文件夹下存在一个数据库文件 samp2.accdb，里面已经设计好表对象 tStud、tCourse、tScore 和 tTemp。试按以下要求完成设计：

(1) 创建一个查询，查找并显示学生的"姓名""课程名"和"成绩"3 个字段内容，所建查询命名为 qT1；

(2) 创建一个查询，查找并显示有摄影爱好的学生的"学号""姓名""性别""年龄"和"入校时间"5 个字段内容，所建查询命名为 qT2；

(3) 创建一个查询，查找学生的成绩信息，并显示"学号"和"平均成绩"两列内容。其中"平均成绩"一列数据由统计计算得到，所建查询命名为 qT3；

(4) 创建一个查询，将 tStud 表中女学生的信息追加到 tTemp 表对应的字段中，所建查询命名为 qT4。

3. 综合应用

考生文件夹下存在一个数据库文件 samp3.accdb，里面已经设计好表对象 tEmployee 和宏对象 m1，同时还设计出以 tEmployee 为数据源的窗体对象 fEmployee。试在此基础上按照以下要求补充窗体设计：

(1) 在窗体页眉节位置添加一个标签控件，其名称为 bTitle，初始化标题显示为"雇员基本信息"，字体名称为"黑体"，字号大小为 18，字体粗细为"加粗"；

(2) 在窗体页脚节位置添加一个命令按钮，命名为 bList，命令按钮的标题为"显示雇员情况"；

(3) 设置命令按钮 bList 的单击事件为运行宏对象 m1；

(4) 将窗体的滚动条属性设置为"两者均无"。

注：不允许修改窗体对象 fEmployee 中未涉及的控件和属性；不允许修改表对象 tEmployee 和宏对象 m1。

附录一　习题参考答案

第1章　数据库系统基础知识

1.2.1　选择题

题号	1	2	3	4	5	6	7
答案	B	C	C	A	A	A	C

1.2.2　填空题

1. 层次模型，网状模型，关系模型
2. 关系模型
3. DBA
4. 数据库管理系统
5. 关系
6. 数据库系统

1.2.3　简答题

略

第2章　Access 2010 基础

2.3.1　选择题

题号	1	2	3	4	5	6	7	8	9	10
答案	B	B	A	A	D	D	C	A	D	C
题号	11	12								
答案	A	C								

2.3.2　填空题

1. 功能区，Backstage 视图，导航窗格
2. 表
3. 外部数据源
4. 数据库修复
5. 优化
6. 数据库访问密码
7. 将外部文件或另一个数据库对象导入到当前数据库的过程
8. 将 Access 中的数据库对象导出到外部文件或另一个数据库的过程
9. 将当前版本的数据库转换为低版本的数据库，便于在低版本中操作数据库

2.3.3　简答题

略

第 3 章　表

3.3.1　选择题

题号	1	2	3	4	5	6	7	8	9	10
答案	B	A	D	B	C	A	C	C	B	C
题号	11	12	13	14	15	16	17	18	19	20
答案	A	D	D	B	A	A	A	D	D	D
题号	21	22	23	24	25	26	27	28	29	30
答案	A	A	D	B	C	A	C	D	D	C
题号	31	32	33	34	35	36	37	38	39	40
答案	D	A	B	C	D	D	A	D	A	C
题号	41	42	43	44	45	46	47	48	49	50
答案	B	A	A	C	C	D	D	C	B	A

3.3.2　填空题

1. 存储数据
2. 字段名称，字段类型，字段属性
3. 255，65535

4．OLE 对象，附件

5．数据输入，数据浏览，数据修改，数据删除

6．简单排序，高级排序

7．选择筛选，按窗体筛选，高级筛选

8．仅结构，结构和数据，将数据追加到已有的表

9．一个字段，字段集

10．有效性规则

11．高级筛选/排序

12．数据类型

13．数据表视图

14. 64K

15．自动编号

3.3.3　简答题

略

第 4 章　查询

4.6.1　选择题

题号	1	2	3	4	5	6	7	8	9	10
答案	A	B	D	B	D	A	B	A	B	D
题号	11	12	13	14	15	16	17	18	19	20
答案	A	D	C	D	B	B	D	D	A	C
题号	21	22	23	24	25					
答案	C	B	C	C	B					

4.6.2　填空题

1．3

2．参数

3．UPDATE

4．生成表查询，更新查询，追加查询

5．联合查询，数据定义查询

6．列标题

7．Union，Union all

8．绝对值

9．""

10．假

11．空

12．Top 5

13．与，或

4.6.3　简答题

略

第 5 章　窗体

5.6.1　选择题

题号	1	2	3	4	5	6	7	8	9	10
答案	B	A	C	D	C	D	A	C	D	B
题号	11	12	13	14	15	16	17	18	19	20
答案	D	C	A	B	A	C	A	D	A	B
题号	21	22	23	24	25	26	27	28	29	30
答案	A	B	C	A	D	C	A	C	A	D
题号	31	32	33	34	35	36	37	38	39	40
答案	C	D	B	A	C	A	D	C	B	A
题号	41	42	43	44	45	46	47	48	49	50
答案	A	B	C	D	D	D	B	A	D	C

5.6.2　填空题

1．节，窗体，控件

2．数据操作，信息显示和打印，控制应用程序流程

3．分割窗体

4．窗体，节，控件

5．一，多

6．两级

7．显示数据，执行操作，装饰窗体

8．属性

9．格式，数据，事件，其他，全部

10．表，查询

5.6.3　简答题

略

第 6 章　报表

6.6.1　选择题

题号	1	2	3	4	5	6	7	8	9	10
答案	A	D	A	D	D	A	C	D	B	B
题号	11	12	13	14	15	16	17	18	19	20
答案	D	C	B	B	D	A	D	D	C	D
题号	21	22	23	24	25	26	27	28	29	30
答案	A	D	A	C	C	C	A	D	B	B

6.6.2　填空题

1. 报表
2. 表达式
3. = [Page] & "总/页" & [Pages] & "页"
4. 页面页眉，组页眉，组页脚，页面页脚，报表页脚
5. 打印预览视图，布局视图，设计视图
6. 编辑修改
7. 报表页脚
8. 分页符

6.6.3　简答题

略

第 7 章　宏

7.3.1　选择题

题号	1	2	3	4	5	6	7	8	9	10
答案	C	C	B	A	A	A	A	C	B	B
题号	11	12	13	14	15	16	17	18	19	20
答案	C	B	A	B	D	D	A	B	C	A

7.3.2　填空题

1．Macro

2．打开窗体

3．打开报表

4．从上往下(或从前往后)

5．宏设计视图

6．基本宏，条件宏，宏组

7．If 操作

8．操作目录，Submacro(或子宏)

9．第一个

10．控制宏的流程

11．控件

7.3.3　简答题

略

第 8 章　模块与 VBA 程序设计

8.3.1　选择题

题号	1	2	3	4	5	6	7	8	9	10
答案	D	D	A	D	C	B	B	A	D	B
题号	11	12	13	14	15	16	17	18	19	20
答案	C	D	A	B	D	A	C	A	A	D
题号	21	22	23	24	25	26	27	28	29	30
答案	B	A	C	C	C	D	A	A	B	C
题号	31	32	33	34	35	36	37	38	39	40
答案	D	B	D	C	C	C	B	D	B	D
题号	41	42	43	44	45	46	47	48	49	50
答案	B	C	C	D	A	B	A	B	A	D
题号	51	52	53	54	55	56	57	58	59	60
答案	A	C	D	D	D	A	A	D	D	D
题号	61	62	63	64	65	66				
答案	C	D	C	C	D	B				

8.3.2　填空题

1．Const

2．标准模块，类模块

3．str

4．type

5．variant

6．0

7．-4

8．len

9．:(冒号)

10．iif()，switch()，choose()

11．0

12．循环次数

13．语法错误

14．'(单引号)

15．不可见

16．Option Base 1

17．动态

18．Is　Null

19．Private，Public，Global

20．ByVal，传址调用

21．关闭错误处理

22．忽略错误执行下面的语句

23．输入，MsgBox()

24．Docmd.Openform

25．-1\，0

26．25+int(rnd*61)

27．另存为

28．8

29．5

30．China

31．5

32．25

33．Num，i

34．64

35．Num，f0+f1

36. J<4-i+1

37. MsgBox，False

38. Change

39. 165

40. Max1=mark，aver=aver+mark

41. x*x+y*y=1000

42. A*(1/i)

43. "bbbb"

44. Hi

45. 21

8.3.3 简答题

略

附录二　全国计算机等级考试二级 Access模拟试题选择题参考答案

模拟一　参考答案及评析

1. A

知识点：VBA 程序设计基础

评析：OnErrorGoto 标号语句在遇到错误发生时程序转移到标号所指位置代码执行，一般标号之后都安排错误处理程序；OnErrorResumeNext 语句在遇到错误发生时不会考虑错误，只继续执行下一条语句；OnErrorGoto0 语句用于关闭错误处理。

2. D

知识点：VBA 的数据库编程

评析：Active 数据对象(ActiveXDataObjects，简称 ADO)是基于组件的数据库编程接口，它是一个和编程语言无关的 COM 组件系统，可以对来自多种数据提供者的数据进行读取和写入操作。

3. C

知识点：模块/调用和参数传递

评析：含参数的过程被调用时，主调过程中的调用式必须提供相应的实参(实际参数的简称)，并通过实参向形参传递的方式完成过程调用。而 Call 方法并不能向变量赋值。

4. B

知识点：模块/调用和参数传递

评析：在本题中，用 Call 过程名的方法调用过程 P1，在 P1 中，将参数 C 的值改变为 12。因为参数 C 是按地址传送(默认为按地址传送，即 ByRef)，故 z 的值变为 12，所以输出值为 12。

5. B

知识点：模块/VBA 编程基础：常量，变量，表达式

评析：在 VBA 数据类型中，"&"表示长整数，"%"表示整数，"！"表示单精度数，"#"表示双精度数。

6. C

知识点：查询的基本操作/创建查询

评析： 当 and 连接的表达式都为真时，整个表达式为真，否则为假。in 用于指定一个字段值的列表，列表中的任意一个值都可以与查询的字段相匹配。根据题意，查找结果"学号"字段中的任意一个值与 S00001 或 S00002 相匹配，"条件"行应输入：in("S00001", "S00002")。

7. D

知识点： 查询的基本操作/创建查询

评析： 追加查询是将某个表中符合一定条件的记录添加到另一个表上。因此，并不要求两个表的结构必须一致。

8. D

知识点： 字段属性的设置

评析： OLE 对象主要用于将某个对象(如 Word 文档、Excel 电子表格、图像、声音以及其他二进制数据等)链接或嵌入到 Access 数据库的表中，OLE 对象字段最大可为 1GB(受磁盘空间的限制)。

9. C

知识点： 数据库系统的基本概念

评析： 数据库系统的主要特点如下：①实现数据共享，减少数据冗余；②采用特定的数据模型；③具有较高的数据独立性；④有统一的数据控制功能。

10. B

知识点： 字段属性的设置

评析： 当表中有多条记录的某个字段值相同时，可以将相同的值设置为该字段的默认值，这样每产生一条新记录时，这个默认值就自动加到该字段中，避免重复输入同一数据。用户可以直接使用这个默认值，也可以输入新的值。

11. C

知识点： 数据库基础知识/基本概念/数据库

评析： Access 是关系型数据库系统，对于层次结构和网状结构等数据库模型处理较弱，不适合开发大型的数据库应用系统。

12. B

知识点： 数据库基础知识/基本概念/数据库

评析： 在关系库系统中，系统能够直接对字段的值进行操作与控制。记录是由多个字段构成，而表又是多个记录所构成的，所以数据的最小访问单位是字段。

13. A

知识点： VBA 程序设计基础

评析： EOF 测试当前读写位置是否达到文件末尾，属性返回布尔型值。

FileLen 是检测文件长度的函数，当调用该函数时，如果所指定的文件已经打开，则返回的值是这个文件在打开前的大小，单位是字节。

Len 是字符串长度检测函数，函数返回字符串所含字符数。

LOF 是取得一个打开文件的长度大小。

14. C

知识点： 数据库和表的基本操作/表的建立

评析： 用户在设计表时，必须要定义表中字段使用的数据类型。Access 常用的数据类型有：文本、备注、数字、日期/时间、货币、自动编号、是/否、OLE 对象、超级链接、查阅向导等，不包含通用类型。

15. B

知识点： 数据库和表的基本操作/表的建立

评析： 字段的属性表示字段所具有的特征，不同的字段类型有不同的属性。

通过"字段大小"属性可以控制字段使用的空间大小。该字段只适用于数据类型为"文本"或"数字"的字段。

"有效性规则"是 Access 中另一个非常有用的属性，利用该属性可以防止非法数据输入到表中。有效性规则的形式以及设置目的随字段的数据类型不同而不同。对于"文本"类型字段，可以设置输入的字符个数不能超过某一个值；对"日期/时间"类型字段，可以将数值限制在一定的月份或年份内。

在一个数据库中，往往会有一些字段的数据内容相同或含有相同的部分，这样就可以设置一个默认值。但不是所有的数据类型都可以设置默认值的，如自动编号、OLE 对象数据类型就没有"默认值"属性。

16. C

知识点： 查询的基本操作/创建查询

评析： 查询是对数据库表中数据进行查找，同时产生一个类似于表的结果。创建了查询之后，如果对其中的设计不满意，或因情况发生了变化，所建查询不能满足要求，可以对其进行修改、创建已建立的查询。执行一个查询时，需要从指定的数据库表中搜索数据，数据库表可以是一个表或多个表，也可以是一个查询。

17. C

知识点： 数据库和表的基本操作/表的建立/建立表结构

评析： Access 规定，其数据表字段名的最大长度为 64 个字符。

18. B

知识点： 数据库和表的基本操作/表的建立

评析： 为了使保存在不同表中的数据产生联系，Access 数据库中的每个表必须有一个字段能唯一标识每条记录，这个字段就是主关键字。主关键字可以是一个字段，也可以是一组字段。为确保主关键字段值的唯一性，Access 不允许在主关键字字段中存入重复值和空值。自动编号字段是在每次向表中添加新记录时，Access 会自动插入唯一顺序号。库中若未设置其他主关键字时，在保存表时会提示创建主键，单击"是"按钮，Access 为新建的表创建一个"自动编号"字段作为主关键字。

19. B

知识点： 数据库和表的基本操作/表的建立

评析： 经过筛选后的表，只显示满足条件的记录，而不满足条件的记录将被隐藏起来。

20. B

知识点：查询的基本操作/查询分类

评析：参数查询利用对话框，提示用户输入参数，并检索符合所输入参数的记录或值。

21. C

知识点：表达式

评析：要使 x 和 y 都是奇数，则 x 和 y 除以 2 的余数都必须是 1。

22. D

知识点：控件的属性

评析：Visible 属性是用于判断控件是否可见。Enabled 属性是用于判断控件是否可用。Caption 属性表示控件的标题。

23. B

知识点：窗体中的控件

评析：文本框主要用来输入或编辑字段数据，是一种交互式控件；标签主要用来在窗体或报表上显示说明性文本；命令按钮控件在窗体中可以使用命令按钮来执行某项操作或某些操作；图像控件主要用来显示图形。

24. D

知识点：VBA 程序设计基础

评析：在 VBA 程序中，注释可以通过以下两种方式实现。①使用 Rem 语句，使用格式为：Rem 注释语句；②用单引号"'"，使用格式为：'注释语句。

25. D

知识点：宏的操作

评析：宏操作 Quit 的功能是退出 Access。

26. A

知识点：常用事件

评析：下面来分析一下 4 个选项：

A 选项，Enter：进入，发生在控件实际接收焦点之前。

B 选项，Exit：退出，正好在焦点从一个控件移动到同一窗体上的另一个控件之前发生。

C 选项，GotFocus：获得焦点，当一个控件、一个没有激活的控件或有效控件的窗体接收焦点时发生。

D 选项，LostFocus：失去焦点，当窗体或控件失去焦点时发生。

由以上分析可以看出，答案选 A。

27. A

知识点：报表的基本操作/使用向导创建报表

评析：在报表的页面页脚节中一般包含页码或控制项的合计内容，数据显示安排在文本框和其他一些类型控件中。在报表上显示格式为"4/总 15 页"的页码，应当设置文本框控件的控件来源属性为：=[Page]&"/总"&[Pages]。

28. B

知识点：Access 知识点/宏/宏的基本概念

评析：宏是由一个或多个操作组成的集合，其中的每个操作能够自动地实现特定的功能。

29. A

知识点：宏/宏的基本概念

评析：在输入条件表达式时，引用窗体或报表上的控件值的语法分别为：

Forms！窗体名！控件名

Reports！报表名！控件名

30. B

知识点：模块的基本概念

评析：在 Access 系统中，借助宏对象可以完成事件响应处理，例如打开和关闭窗体、报表等。不过宏的使用也有一定的局限性：一是它只能处理一些简单的操作，对于复杂条件和循环等结构则无能为力；二是宏对数据库对象的处理，能力也很弱。在这种情况下，可以使用 Access 系统提供的"模块"数据库对象来解决一些实际开发活动中的复杂应用。

31. D

知识点：线性结构和非线性结构

评析：是一种先进后出的线性表，栈实际上也是线性表，只不过是一种特殊的线性表，所以选项 A、C 均不正确。队列是指允许在一端进行插入而在另一端进行删除的线性表，是一种"先进先出"或"后进后出"的线性表，所以选项 B 也不正确。

32. B

知识点：二叉树

评析：在任意一棵二叉树中，度为 0 的结点(即叶子结点)总是比度为 2 的结点多一个。因此选项 A、C 不正确。度为 2 的结点数跟度为 1 的结点数之间没有倍数关系。因此选项 D 也不正确。

33. D

知识点：算法的复杂度

评析：所谓算法的时间复杂度，是指执行算法所需要的计算工作量。为了能够比较客观地反映出一个算法的效率，在度量一个算法的工作量时，不仅应该与所使用的计算机、程序设计语言以及程序编制者无关，而且还应该与算法实现过程中的许多细节无关。为此，可以用算法在执行过程中所需基本运算的执行次数来度量算法的工作量。

34. D

知识点：循环队列

评析：所谓循环队列，就是将队列存储空间的最后一个位置绕到第一个位置，形成逻辑上的环状空间，供队列循环使用。所以循环队列还是属于线性结构，所以选项 A 是错误的。循环队列的头指针 front 指向队列的第一个元素的前一位置，队尾指针 rear 指向队列的最后一个元素，循环队列的动态变化需要头尾指针共同反映，所以选项 B、C 是错误的。

循环队列的长度是(sq。rear-sq。front+maxsize)%maxsize，所以循环队列的长度是由队头和队尾指针共同决定的，所以选项 D 正确。

35. A

知识点：结构化程序设计方法的主要原则

评析：结构化程序设计方法的主要原则可以概括为自顶向下，逐步求精，模块化，限制使用 goto 语句。

(1) 自顶向下：程序设计时应先考虑总体，后考虑细节；先考虑全局目标，后考虑局部目标。不要一开始就过多追求众多的细节，先从最上层总目标开始设计，逐步使问题具体化。

(2) 逐步求精：对复杂的问题，应设计一些子目标作过渡，逐步细化。

(3) 模块化：一个复杂问题，肯定是由若干稍简单的问题构成。模块化是把程序要解决的总目标分解为分目标，再进一步分解为具体的小目标，把每个小目标称为一个模块。

(4) 限制使用 goto 语句。

36. A

知识点：软件的生命周期

评析：软件的运行和维护是指将已交付的软件投入运行，并在运行使用中不断地维护，根据新提出的需求进行必要而且可能的扩充和删改。而软件生命周期是指软件产品从提出、实现、使用维护到停止使用退役的过程。

37. B

知识点：需求分析阶段常用的工具

评析：软件开发阶段包括需求分析、总体设计、详细设计、编码和测试 5 个阶段。其中，需求分析阶段常用的工具是数据流图(简称 DFD)和数据字典(简称 DD)。常见的详细设计的图形描述工具主要有程序流程图、N-S 结构图、问题分析图(简称 PAD 图)。

38. B

知识点：数据库系统的基本概念

评析：为了解决多用户、多应用共享数据的需求，使数据为尽可能多的应用服务，数据管理的最新技术——数据库技术应运而生。

数据库系统由如下几部分组成：数据库、数据库管理系统、数据库管理员、系统平台(硬件平台和软件平台)，所以选项 A、C 是错误的。

39. D

知识点：数据流图

评析：数据流图是描述数据处理过程的工具，是需求理解的逻辑模型的图形表示，它直接支持系统的功能建模。数据流图从数据传递和加工的角度，来刻画数据流从输入到输出的移动变换过程。

数据流图中的主要的图形元素与说明如下：

● 加工(转换)：输入数据经加工变换产生输出。

● 数据流：沿箭头方向传送数据的通道，一般在旁边标注数据流名。

- 存储文件(数据源)：表示处理过程中存放各种数据的文件。
- 源：表示系统和环境的接口，属系统之外的实体。

40. B

知识点：专门的关系运算的特点

评析：专门的关系运算包括：选择、投影和连接。

(1) 选择：从关系中找出满足给定条件的元组的操作称为选择。选择是从行的角度进行的运算，即从水平方向抽取记录。

(2) 投影：从关系模式中指定若干个属性组成新的关系。投影是从列的角度进行的运算，相当于对关系进行垂直分解。

(3) 连接：是关系的横向结合。连接运算将两个关系模式拼接成一个更宽的关系模式，生成的新关系中包含满足连接条件的元组。连接过程是通过连接条件来控制的，连接条件中将出现两个表中的公共属性名，或者具有相同语义、可比的属性。选择和投影运算的操作对象只是一个表。相当于对一个二维表进行切割。连接运算需要两个表操作为操作对象。由图可知关系 R 通过运算得到关系 S，关系 S 与关系 R 相比，记录的条数没有发生变化，属性的个数发生了变化。因此所使用的运算应该是投影。选项 C 插入运算会增加记录的条数。所以选项 B 是正确的。

模拟二　参考答案

1. A	2. B	3. C	4. C	5. B	6. A	7. D	8. C	9. D	10. A
11. B	12. C	13. B	14. A	15. C	16. C	17. A	18. A	19. A	20. C
21. B	22. A	23. D	24. A	25. B	26. C	27. A	28. C	29. A	30. B
31. A	32. D	33. C	34. B	35. B	36. B	37. D	38. B	39. A	40. D

模拟三　参考答案

略

模拟四　参考答案

略

模拟五　参考答案

略

附录三 全国计算机等级考试二级 Access模拟试题上机操作题解析

模拟试题一操作解析

1. 基本操作

本题主要考核点：在一个数据库中添加一个新表、表结构的定义、主键的设置、有效性规则的设置、默认值的设置、输入掩码的设置、查阅向导的使用以及向表中输入记录。

本题解题思路如下：

第一步：打开考生文件夹下的 samp1.accdb 数据库。

第二步：单击"创建"|"表设计"命令，在弹出的表设计视图中按题面要求依次输入各字段的定义。

第三步：主关键字是每个表中能唯一标识每条记录的字段，可以是一个字段，或是一组字段。由表中字段可知，"编号"为该表的主关键字，选中"编号"字段行，单击"表格工具设计"选项卡下的"主键"按钮。

第四步：单击"工作时间"字段行，再选中下面的"有效性规则"，在右边的框中直接输入：<=DateSerial(Year(Date())-1,5,1)。

第五步：选中"在职否"字段行，在"默认值"右边的框中输入：True；选中"邮箱密码"字段行，再选中"输入掩码"，单击右边的"…"按钮，在弹出的"输入掩码向导"对话框中选择"密码"，单击"下一步"按钮，再单击"完成"按钮；选中"联系电话"字段行，再选中"输入掩码"，输入："010-"00000000。

第六步：选中"性别"字段，在"查阅"选项卡中的"显示控件"中选择"列表框"，"行来源类型"中选择"值列表"，"行来源"中输入：男;女。然后以 tTeacher 保存该表。

第七步：向 tTeacher 表中输入题面所要求的各字段的内容。

2. 简单应用

本题主要考核的是数据库的查询。

本题解题思路如下：

第一步：单击"创建"|"查询设计"，然后在弹出的"显示表"对话框中选择 tStud

表，单击"添加"按钮，关闭"显示表"对话框。然后从 tStud 表中选择"学号""姓名""性别"和"年龄"字段，并选择"简历"字段，把该字段的显示复选框中的钩去掉，然后在"简历"字段的"条件"中输入：Like "*书法*" Or Like "*绘画*"，以 qT1 保存查询。

第二步：单击"创建"|"查询设计"命令，然后在弹出的"显示表"的对话框中分别添加 tStud、tCourse 和 tScore 表，关闭"显示表"对话框。选择题目中所说的 3 个字段，在"成绩"字段的"条件"中输入：<(select avg(成绩) from tScore)，最后以 qT2 保存查询。

第三步：单击"创建"|"查询设计"命令，然后在弹出的"显示表"对话框中分别添加 tScore 和 tCourse 表，关闭"显示表"对话框。然后单击"查询工具设计"选项卡中的"交叉表查询"(或单击右键，选择"查询类型"中的"交叉表查询")。在字段行中选择"学号"，"交叉表"行中选择"行标题"；选择"课程号"字段，在"交叉表"行中选择"列标题"；选择"成绩"字段，"交叉表"行中选择"值"，并在"总计"中选择"平均值"；再选择"学分"字段，并在其"条件"中输入：<3，"总计"中选择"条件"；最后以 qT3 保存查询。

第四步：单击"创建"|"查询设计"命令，然后在弹出的"显示表"对话框中选择 tStud 表，单击"添加"按钮，关闭"显示表"对话框。选择"查询工具设计"选项卡中的"追加查询"菜单(或者右击鼠标，选择"查询类型"中的"追加查询")，追加到当前数据库中的 tTemp 表中，单击"确定"按钮。然后从 tStud 中选择"学号"字段，再在"字段"行的第二个格中输入：Left(([姓名]),1)，第三个格中输入：Right([姓名],Len([姓名])-1)，再从 tStud 选择"性别"和"年龄"字段，追加到 tTemp 表对应的字段中，最后以 qT4 保存查询。

3. 综合应用

本题主要考核的是窗体的设计。

本题解题思路如下：

第一步：打开数据库 samp3.accdb。打开窗体对象 fEmp 的设计视图，选择 bTitle 标签控件，并单击"窗体设计工具设计"选项卡下"工具"组中的"属性表"按钮(或右击 bTitle 标签，选择快捷菜单中的"属性"命令)，将特殊效果属性设置为"阴影"。

第二步：打开窗体 fEmp 的设计视图，选中 bt2 按钮，并单击"窗体设计工具设计"选项卡中的"属性表"按钮，将命令按钮 bt2 的"左"设置为 3 厘米，"上边距"设置为 2.5 厘米，"宽度"设置为 3 厘米，"高度"设置为 1 厘米，"对齐"设置为"居中"。

第三步：打开窗体 fEmp 的设计视图，单击"窗体设计工具设计"选项卡下的"属性表"按钮，单击"加载"属性右边的"…"，打开代码生成器，在*****Add1*****与*****Add1*****之间输入：bTitle.ForeColor = 255，保存窗体。

第四步：打开窗体 fEmp 的设计视图，选中 bt1 按钮，并单击"窗体设计工具设计"选项卡下的"属性表"按钮，单击"单击"属性右边的"…"打开代码生成器，在*****Add2*****与*****Add2*****之间输入：mdPnt　acViewPreview，保存窗体。

第五步：打开窗体 fEmp 的设计视图，选中 bt3 按钮，并单击"窗体设计工具设计"选项卡下的"属性表"按钮，单击"单击"属性并选择宏 mEmp，保存窗体。

第六步：打开报表对象 rEmp 的设计视图，将"记录源"属性设置为表 tEmp。

模拟试题二操作解析

1. 基本操作

本题主要考核点：行高的设置、有效性规则和文本的设置、增加表中字段、输入掩码的设置和导出表。

本题解题思路如下：

第一步：打开考生文件夹下的 samp1.accdb 数据库。

第二步：双击表"员工表"，右击某行选定器，单击快捷菜单中的"行高"，输入：15，单击"确定"按钮。

第三步：右击表"员工表"，单击快捷菜单中的"设计视图"，在打开的表设计视图窗口中选中"年龄"字段，再选中下面的"有效性规则"，在右边的框中输入：>17 And <65；再选中"有效性文本"，在右边的框中输入："请输入有效年龄"。

第四步：选中"职务"字段，再单击"表工具设计"选项卡中的"插入行"按钮(或在右击"职务"后弹出的快捷菜单中选择"插入行")，在"字段名称"中输入"密码"，"数据类型"选择"文本"，"字段大小"为 6，在"输入掩码"框中输入：PASSWORD，也可以单击"输入掩码"属性右边的"…"按钮，弹出"输入掩码向导"对话框，选择系统设置好的输入掩码"密码"，单击"下一步"按钮，再单击"完成"按钮，然后保存该表。

第五步：双击表"员工表"，右击"姓名"列选定器，选择快捷菜单中的"冻结字段"。

第六步：选中表"员工表"，单击"外部数据"选项卡下"导出"组中的"文本文件"，在打开的"导出—文本文件"对话框中，输入主文件名 Test，然后单击"确定"按钮，再打开"导出文本向导"对话框中单击"下一步"按钮，选择字段分隔符为"分号"，将"第一行包含字段名称"选中，接着单击"下一步"按钮，确认文件导出的路径无误，单击"完成"按钮。

第七步：单击"数据库工具"选项卡下"显示/隐藏"组中的"关系"按钮，然后在"显示表"对话框中把"员工表"和"部门表"添加到关系窗口中，选中"部门表"表中的"部门号"字段，然后拖到"员工表"中的"所属部门"字段，然后在弹出的"编辑关系"对话框中选中"实施参照完整性"复选框，然后单击"创建"按钮。

2. 简单应用

本题主要考核的是数据库的查询及关系的建立。

本题解题思路如下：

第一步：打开考生文件夹下的 samp2.accdb 数据库。单击"创建"选项卡下的"查询设计"按钮，然后在弹出的"显示表"对话框上选择 tEmployee 表，单击"添加"按钮，关闭"显示表"对话框。然后选择题目中所说的 5 个字段；再选择"简历"字段，在"条件"中输入：Not Like "*运动*"，并把"显示"中的钩去掉，以 qT1 保存查询。

第二步：单击"数据库工具"选项卡下"显示/隐藏"组中的"关系"按钮，在"显示表"对话框中把 tGroup 表和 tEmployee 表添加到关系窗口中，选中 tGroup 表中的"部门编号"字段，然后拖到 tEmployee 中的"所属部门"字段。然后在弹出的"编辑关系"对话框中选中"实施参照完整性"复选框，单击"创建"按钮。

第三步：单击"创建"|"查询设计"命令，在弹出的"显示表"对话框中分别添加 tEmployee 表和 tGroup 表，关闭"显示表"对话框。然后从 tEmployee 中选择题目中所说的 4 个字段；再选择 tGroup 表中的"名称"字段，在"条件"行中输入："开发部"，并把"显示"中的钩去掉；在"聘用时间"的"条件"中输入：Year(Date())-Year([聘用时间])>5，以 qT2 保存查询。

第四步：单击"创建"|"查询设计"命令，然后在弹出的"显示表"对话框中选择 tEmployee 表，关闭"显示表"对话框。在"字段"行中输入：管理人员:([编号]+[姓名])，并选中"显示"复选框；将"职务"字段加到"字段"行中，并把"显示"中的钩去掉，在"条件"中输入："经理"，最后以 qT3 保存查询。

3. 综合应用

本题主要考核的是报表和窗体的设计。

本题解题思路如下：

第一步：右击报表 rReader，单击快捷菜单中的"设计视图"，选择"报表设计工具排列"选项卡下的"显示/隐藏"组中的"报表页眉/页脚"按钮(或右击报表窗口，单击快捷菜单中"报表页眉/页脚"的"报表页眉/页脚")；在"报表设计工具设计"选项卡下的"控件"组中选择"标签"按钮，放到报表页眉中，设置标签的名称属性为 bTitle，标题属性为"读者借阅情况浏览"，字体名称属性为"黑体"，字号为 22，左边距为 2 厘米，上边距为 0.5 厘米；选中主体节区的文本框控件 tSex，设置文本框控件的控件来源属性为"性别"。

第二步：右击宏 rpt，选择快捷菜单中的"重命名"，输入：mReader。

第三步：右击窗体 fReader，单击快捷菜单中的"设计视图"，在"窗体设计工具设计"选项卡下的"控件"组中选择"按钮"，添加到窗体页脚中，放到窗体页脚中之后会出现一个提示框，单击"取消"按钮，设置这个命令按钮的名称为 bList，标题属性为"显示借书信息"，单击属性选为宏对象 mReader。

第四步：选中窗体，单击"窗体双击工具设计"选项卡下的"属性表"按钮，单击"加载"属性右边的"…"，打开代码生成器，在*****Add*****与*****Add*****之间输入：Caption=Date。

模拟试题三操作解析

1. 基本操作

本题主要考核点：默认值的设置、有效性规则和文本的设置、记录的删除、表间关系和导出表。

本题解题思路如下：

第一步：打开考生文件夹下的 samp1.accdb 数据库。

第二步：右击表"职工表"，单击快捷菜单中的"设计视图"，在打开的窗口中选定"聘用时间"字段，单击"默认值"属性右边的"…"按钮，弹出"表达式生成器"，在文本框中输入：=Now()，也可以在"默认值"框中直接输入：=Now()。

第三步：选中"性别"字段，单击下面的"有效性规则"，在右边的框中输入："男" or "女"；再单击下面的"有效性文本"，在右边的框中输入："请输入男或女"。

第四步：选中"照片"字段，将"数据类型"设置为"OLE 对象"；单击"表工具设计"选项卡下的"视图"按钮切换到数据表视图，找到编号为"000019"的员工记录，右击此员工的"照片"字段，单击快捷菜单中的"插入对象"，然后在弹出的对话框中选择"由文件创建"单选按钮，最后通过"浏览"按钮来选择考生文件夹下的图像文件"000019.bmp"，单击"确定"按钮。

第五步：打开表"职工表"，右击"姓名"字段中任意一条记录，选择"文本筛选器"中的"包含"，在打开的"自定义筛选器"对话框中的输入框里输入：江，单击"确定"按钮后，显示筛选出的 5 条记录。选定这 5 条记录，按住 Ctrl 键，右击选择"删除"命令。

第六步：选择表"职工表"，单击"外部数据"选项卡下"导出"组中的 Access 按钮，在打开的"导出—Access 数据库"对话框中，选择考生文件夹下的 samp.mdb，单击"保存"按钮，再单击"确定"按钮，在"导出"对话框中的文本框中输入"职工表 bk"，选中"仅定义"单选按钮，最后单击"确定"按钮。

第七步：单击"数据库工具"选项卡下的"关系"按钮，然后在弹出的"显示表"对话框中把"职工表"和"部门表"添加到关系窗口中，鼠标选中"部门表"表中的"部门号"字段，然后拖到"职工表"中的"所属部门"字段，在"编辑关系"对话框中选中"实施参照完整性"复选框，然后单击"创建"按钮。

2. 简单应用

本题主要考核的是数据库的查询。

本题解题思路如下：

第一步：打开考生文件夹下的 samp1.accdb 数据库。单击"创建"选项卡下的"查询设计"按钮，然后在弹出的"显示表"对话框上选择 tA 和 tB 表，然后选择题目中所说的 4 个字段，以 qT1 保存查询。

第二步：单击"创建"选项卡下的"查询设计"按钮，然后在弹出的"显示表"对话框上选择 tA 和 tB 表，选择"姓名"和"房间号"两个字段，在字段行的第三个格中输入：已住天数:Date()-[入住日期]，在第四个格中输入：应交金额:[价格]*[已住天数]，在"姓名"字段的"条件"中输入：[请输入姓名：]，最后以 qT2 保存查询。

第三步：与第 2 小题类似，选择题目上所说的 3 个字段。然后在字段行第四个格中输入：Mid([身份证],4,3)，在此字段的"条件"中输入："102"，并把"显示"中的钩去掉，最后以 qT3 保存查询。

第四步：单击"创建"选项卡下的"查询设计"按钮，然后在弹出的"显示表"对话框上选择 tB 表，然后单击"查询工具设计"选项卡下"查询类型"组中的"交叉表查询"按钮。在字段行中输入：楼号:Left([房间号],2)，"交叉表"中选择"行标题"；字段行中选择"房间类别"字段，在"交叉表"中选择"列标题"；字段行中选择"房间类别"字段，"交叉表"中选择"值"，并在"总计"中选择"计数"，以 qT4 保存查询。

3. 综合应用

本题主要考核的是数据表有效性规则的设置、窗体的设计、报表的设计、VBA 的数据库编程。

本题解题思路如下：

第一步：打开考生文件夹下的 samp3.accdb 数据库。

第二步：右击表对象 tEmp，单击"设计视图"，选中"聘用时间"字段，再选中下面的"有效性规则"，在"有效性规则"右边的框中输入：<=#2006-9-30#，然后在"有效性文本"右边的框中直接输入："输入二零零六年九月以前的日期"，然后保存该表。

第三步：右击报表对象 rEmp，单击"设计视图"选项，再选择"报表设计工具设计"选项卡下的"排序和分组"按钮，在弹出的"分组、排序和汇总"对话框中排序依据选择"年龄"字段，排序次序选择"降序"。选中页面页脚区的 tPage 文本框控件，在文本框中输入：=[Page] & "-" & [Pages]，然后保存该报表。

第四步：右击窗体对象 fEmp，单击"设计视图"选项，右击 bTitle 标签，选择"属性"选项，设置其"宽度"为"5 厘米"，"高度"为"1 厘米"，"标题"为"数据信息输出"，文本对齐为"居中"。

第五步：右击"输出"命令按钮，单击"事件生成器"选项，在*****Add1*****与****Add1******之间输入：Dim f(19) As Integer；在*****Add2*****与****Add2******之间输入：f(i)=f(i-1)+f(i-2)；在*****Add3*****与****Add3******之间输入：tData=f(19)；关闭代码 VBE 窗口。

第六步：右击"打开表"命令按钮，选择"属性"选项，将单击属性选择为 mEmp，然后保存该窗体。

模拟试题四操作解析

1. 基本操作

本题主要考核点：主键、必填、有效性规则和有效性文本的设置，向表中输入内容，以及导入表。

本题解题思路如下：

第一步：打开考生文件夹下的 samp1.accdb 数据库。

第二步：右击表 tVisitor，单击"设计视图"选项，在弹出的对话框中选中字段"游客 ID"，单击"表格工具设计"选项卡下的"主键"按钮；选中"姓名"字段，将其"必需"属性设置为"是"；选中"年龄"字段，在其"有效性规则"属性框中输入：>=10 And <=60(或用表达式生成器设置)，然后在"有效性文本"右边的框中输入："输入的年龄应在 10 岁到 60 岁之间，请重新输入！"。然后保存该表。

第三步：双击表 tVisitor，输入题面所要求的各字段的值。右击该记录的"照片"字段，在快捷菜单中选择"插入对象"，然后在弹出的对话框中选择"由文件创建"单选按钮，最后通过浏览按钮来选择考生文件夹下的"照片.JPG"，单击"确定"按钮。

第四步：单击"外部数据"选项卡下的"导入并链接"组中的 Access 按钮，然后在"获取外部数据—Access 数据库"对话框中选择考生文件夹下的 exam.accdb，单击"确定"按钮，在打开的"导入对象"对话框中选择该库中的表 tLine，单击"确定"按钮。

2. 简单应用

本题主要考核的是数据库的查询。

本题解题思路如下：

第一步：打开考生文件夹下的 samp2.accdb 数据库。单击"创建"选项卡下的"查询设计"按钮，然后在弹出的"显示表"对话框中选择 tBand 表和 tLine 表，然后从 tBand 表中选择"团队 ID"和"导游姓名"，从 tLine 表中选择"线路名""天数"和"费用"，以 qT1 保存查询。

第二步：单击"创建"选项卡下的"查询设计"按钮，然后在弹出的"显示表"对话框中选择 tLine 表，选择题目中所说的 3 个字段，然后在"天数"字段的条件中输入：>=5 And <=10，最后以 qT2 保存查询。

第三步：与第 2 小题类似，选择表中的线路 ID、线路名、天数和费用字段，然后在第 5 个字段格中输入：优惠后价格:([费用]*0.9)(或优惠后价格:([费用]*(1-0.1)))，最后以 qT3 保存查询。

第四步：单击"创建"选项卡下的"查询设计"按钮，然后在弹出的"显示表"对话框中选择表 tBand，然后单击"查询工具设计"选项卡下的"删除"按钮(或单击右键，选择"查询类型"中的"删除查询")，在字段中选择"出发时间"，并在条件中输入：<#2002-1-1#，最后以 qT4 保存查询。

3. 综合应用

本题主要考核的是窗体的设计。

本题解题思路如下：

第一步：打开考生文件夹下的 samp3.accdb 数据库。右击窗体 fTest，选择"设计视图"，在"窗体设计工具设计"选项卡下的"控件"组中单击"标签"按钮，添加到窗体页眉中，并单击"工具"组中的"属性表"按钮，设置标签的名称为 bTitle，标题属性为"窗体测试样例"。

第二步：在"窗体设计工具设计"选项卡下的"控件"组中单击"复选框"按钮，添加两个该控件到窗体的主体中，设置这两个控件的名称分别为 opt1 和 opt2，并设置它们的默认值为：=False；分别选择复选框对应的标签，设置它们的名称为 bopt1 和 bopt2，标题为"类型 a"和"类型 b"。

第三步：在"窗体设计工具设计"选项卡下的"控件"组中单击"按钮"按钮，添加到窗体页脚中，设置该命令按钮的名称为 bTest，标题属性为"测试"，单击事件为宏 m1。

第四步：在"属性表"对话框中的对象名称框中选中窗体，设置窗体的标题属性为"测试窗体"。

模拟试题五操作解析

略

参 考 文 献

[1] 郑晓玲. Access 数据库使用教程习题与实验指导[M]. 北京：人民邮电出版社，2010.

[2] 潘晓南，王莉. Access 数据库应用技术[M]. 北京：中国铁道出版社，2010.

[3] 张强. Access 2010 中文版入门与实例教程[M]. 北京：电子工业出版社，2011.

[4] 教科出版室. Access 2010 数据库技术及应用[M]. 北京：清华大学出版社，2011.

[5] 张强，杨玉明. Access 2010 入门与实例教程[M]. 北京：电子工业出版社，2011.

[6] 付兵. 数据库基础及应用——Access 2010[M]. 北京：科学出版社，2012.

[7] 张满意. Access 2010 数据库管理技术实训教程[M]. 北京：科学出版社，2012.

[8] 米红娟，李海燕. Access 2007 数据库应用教程[M]. 北京：科学出版社，2012.

[9] 米红娟，李海燕. Access 2007 数据库应用教程学习指导[M]. 北京：科学出版社，2013.

[10] 程晓锦，徐秀花，李业丽. Access 2010 数据库应用实训教程[M]. 北京：清华大学出版社，2013.

[11] 李湛. Access 2010 数据库应用教程[M]. 北京：清华大学出版社，2013.

[12] 李湛. Access 2010 数据库应用习题与实验指导教程[M]. 北京：清华大学出版社，2013.